메이커를 위한 창작과

메이커와 창의
MAKERS AND CREATIVITY

한정희 저

머리말

    '만들기(Making)'는 인간의 숙명이다. 인류문명은 만들기와 만들어 내는 사람 (Makers)으로 부터 시작되었다. 이 같은 제조물이 신 문명을 만들어 냈다. 새로운 신산업을 일궈 내려 경쟁하는 기술선진국간의 기술 패권 경쟁은 매우 치열하다. 이 같은 경쟁에서 기술패권을 쟁취할 수 있는 방법이 무엇일까는 기술혁신을 공부한 저자에게는 한결같은 고민이었다. 아침에 일어나서 저녁 잠자리까지 우리 일상에서는 많은 제작물을 접하게 된다. 이 가운데 스스로 만든 것이 무엇이 있는지 생각해 보자. 돌아볼 때, 초등학교 시절, 선생님께서 내어주신 만들기 숙제와 미술시간 조각을 배우면서 익힌 것이 '만들기'의 전부로 기억된다. 대학과 대학원시절, 실험실에서 익혔던 기술들은 누군가 만들어진 개념설계를 그대로 한번 해보는 것이 전부였다.

    4차 산업혁명시대는 메이커의 시대다. 아이디어만 있으면 누구나 새로운 상품을 만들어 비즈니스를 펼칠 수 있는 시대가 되었다. 개별기업이 독점 해오던 생산수단은 오픈소스(open source)화 되고 이에 따라 관심만 있으면 누구나 활용할 수 있게 되었다. 지금은 생산에 필요한 자본도 크라우드 펀딩으로 얼마든지 유치할 수 있다. 소비자와 생산자가 구분되던 시대는 지났다. 개별 소비자가 이제는 잠재적 생산자인 시대가 되었다. 소비자가 생산의 주체로 나서면서 다양한 혁신제품과 비즈니스

세계에서 창조적 파괴가 이뤄질 수 있다. 이것을 저자는 메이커 운동이라 부르려 한다.

이 같은 메이커 운동에 우리나라는 다소 늦은 면이 있다. 미국, 중국, 유럽 등 세계 주요국은 메이커 문화를 초등학교부터 저변으로 확산하며 소위 4차 산업혁명의 창조성에 그들의 교육과 자원 등을 투입, 새로운 메이커 문화에 불을 댕기고 있다. 하지만 우리나라는 명실공히, 정보통신 기술(ICT) 선진국이다. 이 같은 정보통신기술은 특히, 기술 간 융합을 촉진하고 산업별 특성에 적용되어 새로운 신산업을 만들어 내는 촉매 기술로 중요한 메이커 시대를 열어가고 있다고 생각한다. 따라서 메이커 문화 확산을 위한 다양한 교육과 훈련 그리고 즐거움을 동반한 미래형 만들기 문화를 우리나라의 '빨리빨리'정서와 연결하면 멋진 선도국가가 될 것이라 확신한다.

4차 산업혁명 핵심은 생산기술, 즉 제조기술의 획기적인 혁신이다. 제조업과 인공지능, 로봇, 사물인터넷(IoT) 등의 ICT가 직접 융합하고, 빅데이터를 활용한 상상의 기획을 활용, 이를 실행하는 만들기, 즉 제조 패러다임을 바꿔놓는다. 혁신이 과거에는 대규모 기업 집단, 제조업이 었다면 4차 산업혁명의 생산기술 혁신은 메이커, 작은 집단, 개개인이라는 것이다. 제조기술 혁신이 양이 큰 영역에서 양이 작은 소규모 집단으로 넘어온다는 것은 상당히 큰 변화다. 기술의 융ㆍ복합화는 산업 내, 산업간 경계가 허물어지는 단계에서 발생하는 것이 일반적이다. 한마디로 퓨전(fusion, convergence) 시대다. 이를 위해 교육과 훈련도 바꿔어야 한다.

4차산업혁명 시대가 원하는 인재는 창의성과 실천성을 가진 도전형 인재다. 창의성은 어떻게 만들어질까. 기존 선진국들의 교육에서 살펴보면 이론과 개념을 학습하고, 학습된 개념설계에 따라 한번해 보는 즉, 러닝바이두잉 (learning by doing) 이었다. 이를 통하여 우리나라가 선진국 입국을 이룬 것은 주지의 사실이다. 하지만 이제는 바뀌어야 한다. 이 같이 누군가 만들어 낸 설계를 실행하는 것에 머물러서는 기술선진국과 메이커문화 선진국이 될 수 없다. 이제는 새로운 개념설계를 시도하고 이를 실행하는 것 즉 러닝바이트라잉 (learning by trying)이 필요하다. 이 같은 시도가 쉽게 이뤄질 수 있는 교육으로 바꿔어야 한다.

단계별, 관심, 흥미, 영역별 개인 체험프로그램을 만들어 새롭게 설계해 보고 이를 메이커랜드를 통하여 체험, 시도해 보는 것이 중요해졌다. 대기업 중심에서 탈피해 중소·창업·1인 기업으로 바뀔 수 있는 기업구조의 패러다임 변화를 보면 독자들은 이 말을 이해할 것이다. 소비자가 만들어진 물건을 사기만 하던 시대에서 본인 아이디어로 직접 만들어쓰는 메이커로 탈바꿈하고 있다. 이 같은 과정에서 새로운 창의가 만들어지고, 만들어진 새로운 제조물이 시장, 고객과 이어지며 생산과정의 가치사슬로 이어지면 이것이 신산업이 되는 것이다. 이 같은 문화가 확산된 나라가 선진국이다. 본 교재출판에 지원을 아끼지 않는 홍익대학교 메이커랜드 모든 분들께 감사드린다.

저자 한 정희
홍익대학교 소프트웨어융합학과 교수

메이커를 위한 **창작과 장비 활용**

목차

CHAPTER
3

교과목달성

CHAPTER
4

창의성과 비즈니스 아이디어

CHAPTER
5

창업기업의 성장

CHAPTER **01**

교과목의 특성

1 메이커(Makers)와 메이킹(Making)

(1) 메이커교육을 통한 4C 역량 신장과 창업연계

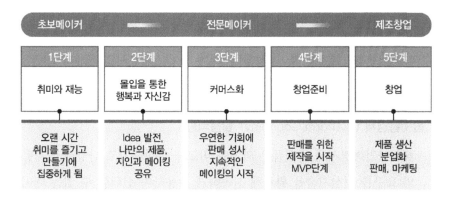

〈그림〉 메이커역량과 하드웨어형 창업관계도

도전(Challenge)역량

메이커를 위한 기계 · 기구활용 및 작동 습득을 활용한 아이디어의 제작(시제품) 역량을 활용한 창업실행과정에서 부딪치는 수많은 어려움에도 굴하지 않고 도전적으로 창업아이템을 발굴하고 발굴, 개척할 수 있는 열정과 패기의 도전역량

창의성(Creativity)역량

아이디어와 비즈니스모델 구현의 시제품, MVP등 초도 시장 fit 수행역량을 기반한 창업실행에서 요구되는 다양한 형태의 시장문제해결을 위한 새로운 시도의 방법을 수행할 수 있는 능동적인 수행역량

창업역량(Corporationship)역량

팀활동과 단계적인 (초급, 중급, 전문) 기계·기구활용 습득을 통한 기업가적역량과 현장(기업)과 함께 하는 협력역량으로 다양한 기회포착과 실행역량

융합(Convergence)역량

아이디어의 시제품화와 개별 및 팀 프로젝트 수행과정에서 요구되는 다양한 지식과 기술의 융합형 사고습득과 가치창출 실행역량

(2) 4차산업혁명요소기술이 만들어 내는 미래산업 지형도래에 대한 대응력 증대

플랫폼경제 (Platform economy) 활용역량

- 4차 산업혁명시대 플랫폼은 과거와 비교해 복잡해지고 다양해진 사용자의 요구를 혁신기술을 활용해 신속하게 수용하며 신뢰할 수 있는 데이터를 축적, 가능한 결과를 예측해 선제적으로 대응하도록 돕는 활용역량
- 플랫폼 기반 조직은 상대적으로 혁신적인 기술의 수용 정도가 성장에 중요한 축이 되기에 기술집약적인 플랫폼 활용과 구축, 공유모델이 요구되며 상호작용을 통해 효율성을 극대화해 궁극적으로 잠재적인 가치를 발견역량

스마트화(Smartization)역량

인공지능, 사물인터넷, 클라우드, 빅데이터 등 지능정보기술이 이끄는 4차산업혁명요소기술에 관한 이해와 제조업의 변화(서비스화)에 관한 혁신적 역량을 익혀 제조업의 영역이 확장되고 타 산업과 융합, 새로운 영역 창출 등을 통해 제조업의 빠른 혁신을 추구하여 사용자중심, 소유에서 공유로 패러다임이 변화 추구 역량

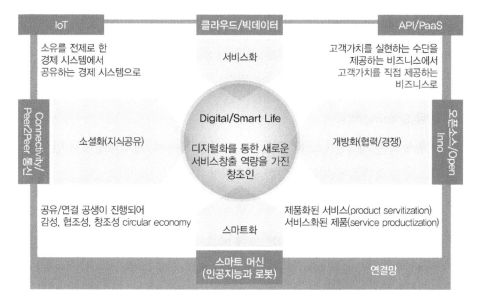

<〈그림〉 4차산업혁명에 따른 환경변화 스마트화 모델 (출처:융합산업의 탄생, 2021)

제조서비스화(Product-Smartization)역량

하드웨어(제조))과 서비스업이 융합되는 새로운 가치로 서비스화는 기존의
제품을 확장, 타산업과 융합 등을 적용할 수 있는 새로운 아이디어를 실현
하는 융·복합 실행 역량

(3) 메이커 마인드셋

개조역량(Tinkering)역량

Thinking+Using으로, 기구사용에 대한 친근감과 흥미를 기구를 이용하여
아이디어를 보다 실물형태로 창출, 창출된 다양한 아이디어들의 산출과 수
렴역량

메이킹(Making)역량

Experimenting+Creating으로, 메이커 스스로 문제형성에 대한 실험과 창의를 발휘하는 실질적인 making 역량

공유(Sharing)역량

팀활동과 단계적인 (초급, 중급, 전문) 등을 통하여, 제작과정에서 얻은 지식, 방법 결과물에 대한 다양한 공유역량

개선(Improving)역량

창작과 메이킹에 대한 실행 피드백에 따른 결과물을 분석, 개선방법 실행과 실천을 위한 새로운 메이킹 개선을 위한 제반 활동역량

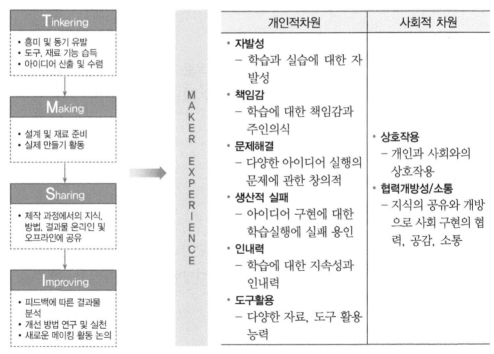

〈그림〉 메이커 마인드셋 교육

무엇인가 만들어 본 적이 있다면 그는 메이커다. 메이커 운동은 장인 정신을 가진 사회 운동이다. 제조업체 운동의 형평성을 촉진하는 것은 STEAM과 기타 기술이 풍부한 예술 분야에 대한 액세스를 민주화하는 데 있어 중요한 요소이다.

메이커 문화는 사회 환경에서의 학습을 통한 학습(능동적 학습)을 강조한다. 메이커 문화는 재미와 자기 충족에 의해 동기 부여되는 비공식, 네트워크화, 동료 주도 및 공유 학습을 강조한다. 메이커 문화는 기술의 새로운 적용과 금속 작업, 서예, 필름 제작 및 컴퓨터 프로그래밍을 포함하여 전통적으로 분리된 영역과 작업 방식 간의 교차점을 탐색하도록 장려하기도 한다. 커뮤니티 상호 작용 및 지식 공유는 종종 네트워크 기술을 통해 중재되며, 웹사이트와 소셜 미디어 도구가 지식 저장소의 기초이자 정보 공유 및 의견 교환을 위한 중앙 채널을 형성하며, 해커 공간과 같은 공유 공간에서 소셜 미팅을 통해 집중된다. 메이커 문화는 공식적인 교육 환경에서 학생들이 STEM 과목(과학, 기술, 공학 및 수학)에서 벗어나는 것에 대해 우려하는 교육자들의 관심을 끌었다. 메이커 문화는 보다 참여적인 접근법에 기여하고, 보다 생동감 있고 학습자와 관련이 있는 주제로의 새로운 경로를 만들 수 있는 잠재력이 있는 것으로 보인다.

어떤 사람들은 메이커 운동이 물리적 탐험의 가치를 떨어뜨리고 현대 도시에서 점점 커지는 물리적 세계와의 단절감에 대한 반작용이라고 말한다. 제조업체 커뮤니티가 생산한 많은 제품은 건강(식품), 지속 가능한 개발, 환

〈그림 1〉 전문랩 홍익메이커랜드 F동 0층 (시제품제작실)　　〈그림 2〉 홍익메이커랜드 F4층 (디자인제작 상상랜드)

경주의 및 지역 문화에 초점을 맞추고 있으며, 이러한 관점에서 일회용품, 세계화된 대량 생산, 체인점, 다국적 및 소비자 중심주의에 부정적인 반응을 보일 수도 있다. 메이커 문화의 부상에 대응하여, 버락 오바마는 대중에게 몇몇 국가 연구 개발 시설을 열겠다고 약속했다.

게다가 미국 연방 정부는 국가 중심지 중 한 곳의 이름을 "America Makes"로 바꾸었다. 1970년대 마이크로컴퓨터 혁명의 소형 컴퓨터에서 개인용 컴퓨터로 전환하는 것과 유사한 논리적, 경제적 발전을 따라 이전에는 기관의 독점 영역이었던 디지털 제작 방법을 통해 개인 규모에 액세스할 수 있게 되었다. 2005년에 Dale Dougherty는 성장하는 지역 사회에 봉사하기 위해 Make 잡지를 창간했고, 이어 2006년에는 Maker Fair를 창간했다. Dougherty에 의해 만들어진 이 용어는 점점 더 많은 DIY 사용자들이 무언가를 사기보다 만들고 싶어하는 것을 바탕으로 본격적인 산업으로 성장했다.

주로 시제품 제작을 위한 RepRap 3D 프린팅의 등장으로 인해 비용 감소와 폭넓은 채택으로 새로운 혁신 영역이 열렸습니다. 시제품 제작을 위해 한 가지 품목(또는 소수의 가정용품)만 만드는 것이 비용면에서 효과적이기에, 이 접근법은 "한 사람의 시장"을 위한 개인적인 조작으로 묘사될 수 있다. 대표적인 전문메이커랜드로써 홍익메이커랜드는 창작역량을 제고하기

〈그림 3〉위스콘신 대학교 메이커스페이스 전문랩

위한 대학의 노력은 다양하게 이뤄지고 있다. 메이커[1]와 메이킹(making)[2]
문화 확산을 위 교내 기관인 '메이커스페이스'의 각종 장비를 활용할 수 있

---

1) 메이커 스페이스의 '메이커(Maker)'는 평범한 사람들이 기업이나 전문가가 만든 기성 제품
들을 맹목적으로 소비하는 것에서 벗어나, 웹 인프라를 통해 지식을 공유하고, 다양한 재료
와 기술, 도구를 활용해 주체적으로 물건 등을 만드는 과정에서 기쁨과 즐거움을 찾는 것을
의미하며, 이를 통한 창의적 도전까지 이룰 수 있는 과정까지 의미한다. 메이커란 제품을
만들고 당면한 문제를 해결하는데 창의적이고 흥미를 느끼며, 끊임없이 배우고자 하며 사
교적이면서 다른 사람들과 협력하고자 하는 사람 또는 단체 (Dixon and Martin (2014)를
포함한 다양한 학자들의 정의

연구자	메이커 정의
Dale Doughtery (2013)	과학 기술을 이용한 활동을 즐기며, 과학기술에 대해 끊임없이 배우고자 하는 사람
Pepper and Eender (2013)	다양한 아이디어를 자신의 커뮤니티와 지역적 필요와 관심에 맞게 적용하는 사람들
Dixon and Martin (2014)	제품을 만들고 당면한 문제를 해결하는데 창의적이고 흥미를 느끼며, 끊임없이 배우고자 하며 사교적이면서 다른 사람들과 협력하고자 하는 사람
Mingjiee et al (2016)	스스로 제품을 구상·개발하여 아이디어를 시제품으로 만들어 내고 자신의 경험을 공유하고 상호 작용하고자 하는 사람
한국 과학창의재단	상상력, 창의력을 바탕으로 스스로 제품을 구상하고 조립, 개발하는 사람 또는 단체

2) 메이킹이란 사전적인 의미로는 '만들다'임. 하지만 여러학자들의 정의를 보면 단순히 만들
다 만을 의미하지는 않음. 여러학자들의 정의를 아래와 같이 제시함

는 역량 제공으로 창작활동의 활성화(DIY, Do it yourself) 필요하며, 특히 홍익메이커랜드에는 아이디어 구현부터 전개, 시제품 개발까지 지원할 수 있는 제반 기계, 공작, 기구 등 창작 및 예비창업과 창업실행에 요구되는 시제품 및 초도생산 시설을 갖추고 있다.

메이킹문화의 확산을 제고하여, 재학하는 8학기 동안 대학에서 제공하는 다양한 현장기반 융합실천형 교육참여 제고를 통하여 창의적 도전인재 양성과 창의적 기구설계 및 제작에 대한 자신감을 갖게 하는 목적을 가지고 있다.

지역-메이킹 문화 확산의 제고를 위한 기본교과목과 지역축제 등의 행사에 본 교육과정을 통하여 지역 초·중고 학생들의 우리대학에 대한 친밀감 제고와 지역교양 현장교육화로 지역에 대한 대학참여의 대표교과목 운영이 필

연구자	메이킹 정의
Cohen et al (2017)	본질적으로 융합적인 것으로 기존의 학교에서는 기술, 과학, 수학, 예술 등의 독립되어 있는 과목들에 관한 융합적 지식을 필요로 함
Gauntlett (2011)	메이킹 활동을 통하여 개인은 재료의 활용뿐만 아니라 사회적 협력, 전 지구적인 네트워크 연결이 이루어짐
Hughes (2012)	오픈소스 기반의 하드웨어와 소프트웨어 등 고차원적인 기술을 활용하여 물리적 결과물을 생산하는것
Kafai et al (2014)	하나의 정답을 도출하기 보다는 문제해결의 가능한 다양한 해결안을 제시하는 것
Lindtner &Li (2012)	또래와 함께하는 창의적인 놀이, 제작 활동으로 기술의 내부적 원리를 밝히기 위하여 오픈소스와 호기심을 활용하는 것이며 다양한 사람들에게 활용되는 기술의 사회적 실천
Martin (2015)	재미 혹은 유용한 목적을 위하여 물체를 디자인, 만들기, 수정, 재조립하는 활동으로 사용하거나, 타인과의 상호작용할 수 있는 결과물 생산에 중점
Schrock (2014)	물리적 물체 및 도구와 연관된 것이기도 하지만 사회적 맥락속에 이루어지는 창의적인 놀이
Sheridan et al (2014)	다양한 연령의 사람들이 기술의 습득, 제작물 생산, 아이디어 탐구를 위하여 예술, 과학, 기술 분야에서 디지털과 물리적 기술을 융합하면서 창의적 활동을 하는 것

요하다. 초등학교뿐만 아니라 중학교에서도 메이커 스페이스에서 과학, 기술, 엔지니어링, 수학과 예술을 접합시킨 융·복합 교육인 '스팀(STEAM) 교육' 활용이 최근 강조된다.

대학생 창의역량의 디자인적 사고에 대한 실질적 실천역량을 확산하여 대학문화자체의 혁신적인 경험을 갖도록 하여 누구나 창작에 도전하려는 실질적 혁신을 창출한다.

〈그림 4〉 개방성, 창의성 소통 공감 역

〈그림 5〉 메이킹을 통한 대학생 혁신문화 창조

3 메이킹의 해외 사례

⊙ 미국 사례1

- (위스콘신대학)에서는 고가의 장비를 구비한 메이커 스페이스 도서관을 설립해 학생들이 보다 최첨단 환경에서 배울 수 있는 기회 제공. 특히, 위스콘신대학교 메디슨캠퍼스(University of Wisconsin-Madison)의 경우에는 디자인랩과 미디어 스튜디오를 조성하여 메이커 스페이스 공간에서 보다 다양한 분야의 융·복합 교육 지원
- 교육 대상을 학생들뿐만 아니라 일반인들까지 범위를 확대하여 디지털 프로젝트 작업을 장려

⊙ 미국 사례2

(켄트주립대학교 투스카라와스(Kent State University Tuscarawas) 캠퍼스)는 메이커 스페이스를 조성하고 비즈니스 공동체센터와 협업하여 **창업 지향적 생태계를 지원하는 공간으로 이를 활용**. 특히, 체리 브론카(Cherie Bronkar) 켄트주립대학교 투스카라와스 소장은 대학생들뿐만 아니라 일반 도서관 이용자들 그리고 지역 사회 구성원들까지 대상 영역을 넓혀 비즈니스와 관련된 소스들을 제공

⊙ 미국 사례3

- (스탠포드 D.School)은 디자인 스쿨(Design School)의 약자로, 생각을 디자인하는 방법을 가르치고 있음. 몇 개의 스튜디오로 구성된 공간은 어디서든

〈그림6〉 스탠퍼드 D.school의 메이킹 교육기반 창의융합 교육운영

지 기록하고 회의할 수 있는 공간으로 되어 있으며 천장에 레일형 화이트보드
가 있어 언제 어디서든 개인별 또는 팀별로 유연한 작업 공간으로 활용
• 우드락, 골판지, 종이 박스 등의 재료는 상시 비치되어 있으며 필요한 도
구는 타공판에서 자유롭게 꺼내서 사용할 수 있음
• D.School의 프로그램은 스탠포드의 학부 및 대학생뿐 아니라 직업 전문
가, 교육자 등 다양한 개인의 참여를 존중하며 홈페이지의 이벤트 페이지
나 공식 트위터를 통해 비정규적으로 일반인의 참여 가능
• (대학혁신)의 방법으로, 대학생은 University Innovation Fellows(UIF)
를 수강하여 디자인적 사고에 대한 열정으로 전세계 교직원 및 관리자와
협력하여 기회를 파악하고 학교 동료 학생들에게 혁신적인 학습 경험을
제공하고 프로그램 진행 후에 실리콘 밸리 밋업(Silicon Valley Meetup)
에 참석하여 서로 커뮤니티를 구성

◉ 독일 사례1

• 베를린 함부르크, 바로셀로나와 소피아에 이르는 4개 도시에 지점을 두고
오피스공간까지 제공하는 우드샵(The wood shop) 등 'Let's Work
Together!'라는 슬로건을 내세우며 2009년부터 베타하우스(betahaus)
의 메이킹 교육운영

〈그림7〉독일 betahaus의 메이킹과 오피스까지 연계운영한 창의비즈니스 운영

- 과거 인터넷 사용과 다큐멘팅 작업을 위한 이전까지의 오피스 공간과는 달리 목공을 위한 우드샵(The Wood Shop)과 공동의 하드웨어 작업을 위한 하드웨어 랩(Hardware.co Lab), 회의실과 까페, 아레나(Arena)로 불리우는 공론의 장까지 메이커 문화와 연결되는 다양한 공간/프로그램들을 제공

◉ 독일 사례2

- 뮨헨공과대학에서 운영하고 있는 메이커스페이스는 대학생들에게 메이킹 교육과정은 필수로 되어 있으며, 이들은 이곳을 통하여 시제품을 개발하고 이를 통하여 시민들과 함께 전시 또는 창업으로 진행됨

〈그림8〉독일 뮨헨공과대학 메이킹 교육과 창업연계

〈그림9〉 중국 Seed Studio 메이킹교육과 창업지원

📍 중국 사례

- 시드 스튜디오는 설계부터 제품 생산까지 원스톱으로 진행되는 공장형 창업지원센터로, 최소 10개에서부터 10,000개까지 원하는 부품 생산이 가능한 메이커스페이스임
- 이곳에서는 제작·창작과정을 운영하고 있음. 일정 교육을 마친 고급과정의 메이킹 역량을 갖고 창업하는 제조창업(하드웨어스타트업)에게 필요한 저렴한 비용으로 소량 생산이 가능하고 시제품까지 완성할 수 있으며, 시제품이 10,000개가 넘어갈 경우에는 팍스콘 등 대량공정에 특화된 곳과 연결시켜 주는 중개자 역할 수행까지 수행
- 특히, 창의적 교육과정의 결과물에 대한 부족한 부분을 가지고 시드 스튜디오는 메이커(하드웨어 스타트업)가 아이디어를 가져오면 그것을 완제품으로 구현 지원하는 기능제공

4 교과목의 목적

📍 메이킹을 통한 메이커 마인드셋 역량습득

- 메이킹역량으로 아이디어에 머물고 있던 생각을 '만들기'를 통한 구체화 된 형상을 통하여 개인적 차원의, 책임감, 문제해결, 생산적 실패, 인내 력, 도구활용역량 배양
- 개인과 사회와의 관계와 사회성 학습과 도구제작 활용에 있어 수반되는 상호협력과 개방 소통에 대한 공감능력 배양

📍 기존 창업교육의 한계 극복

- 창의역량의 실천형 교육인 기계기구를 활용한 제작물 등의 현장교육은 기 존 창업교육이 가진 창업 시제품의 개발 역량을 통하여 시장진출에 대한 자신감 제고 필요
- 시제품개발의 과정을 극복한 후 단계인 창업아이템 시장검증단계(MVP)과 정수행이 필요함에도, 이를 실제적으로 수행해 볼 수 있는 교육과정은 아직 교내에 개설되어 있지 못함. 이에 대한 한계점을 본 교과목에서 제공
- 창업실행의지는 예비창업자(강의수강자)에게 창업수행 신뢰에 대한 스스 로의 자신감을 "얼마나 가지게 하느냐"하는 창업교육에 큰 영향이 있음 (한정희, 2012). 따라서 본 교육에서는 시장 fit과정을 통하여 필요한 pivoting을 제공할 수 있는 빠른 시제품의 재 개발역량, 경험 풍부한 장비 활용 전문가의 지원 등을 통하여 자신감을 제고

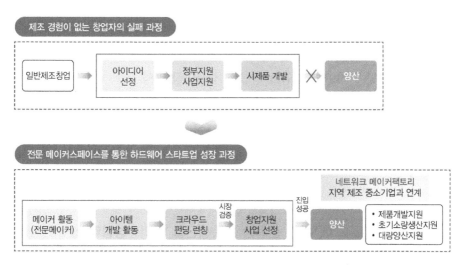

〈그림 10〉 메이킹역량과 창업성장과정 (예시: 만들마루 교육사례)

📍 장비 · 공작기계 활용 역량제고를 통한 창의 · 창업역량 필요

- 대학생들에게 창작역량제고를 위한 중급수준의 메이커역량을 위한 정규 창의창작과정 개설이 필요하며, 이를 통하여, 아이디어로부터 시제품개 발까지 스스로 할 수 있는 역량 제고함. 구축장비를 통한 스스로 학습과 창작역량 습득

- 메이킹 역량 습득은 창작역량 수행에 긍정적 상관관계를 가지고 있음에 따라, 본 교과목을 통하여 학생들에게 창의적 제품, 제작역량배양을 통한 창업에 대한 자신감 제고

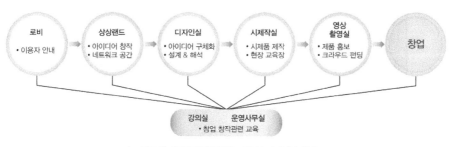

〈그림12〉 홍익메이커랜드 구성과 운영개념도

- 대학생의 교양역량으로, 메이킹 역량과 미래창업에 요구되는 기초메이킹 장비활용습득을 통하여 흥미, 관심, 집중, 도전, 실행, 새로운 가치창출에 대한 실천에 기반한 기업가 정신의 창작역량 배양
- 홍익메이커랜드 스튜디오는 메이커(하드웨어 스타트업)가 아이디어를 가져오면 그것을 시제품과 완제품으로 구현하게 돕고 그들에게 필요한 최적의 부품을 공급하는 팀지원을 통하여 기존 창업교육의 제한점을 극복하는 과정으로 운영

📍 빠른 소비트랜드에 대한 신속한 제품생산을 창의·창업역량

- 소비트렌드가 빠르게 변하고 3D프린터의 보급, 오픈소스 하드웨어의 등장 등 1인 제조환경의 확산으로 아이디어가 바로 신산업이 되는 시대가 도래
- 상상력과 창의력을 바탕으로 스스로 제품과 서비스를 구상하고 만드는 메이커 양성이 창업한계를 극복
- 메이커는 취미활동을 넘어 4차 산업혁명의 주역으로 주목받고 있으며, '만들기' 활동이 제조창업(하드웨어 스타트업)으로 발전, 이미 해외 선진국에서는 메이커 창작활동공간(메이커 스페이스)을 기반창업과 사업화 성공사례 출현

〈그림13〉 홍익메이커랜드 교육운영

5 메이킹 교육효과

📍 메이킹 역량배양

- 상상력과 창의력을 바탕으로 스스로 만들어보고, 공유하면서, 창의융합 역량을 통한 maker mind set 배양

📍 창의 · 융합 실행역량 배양

- 자율과 공유, 협력과 협업의 팀프로젝트를 통하여, 다양한 지식, 경험 등을 공유하고, 장비운영과 활용 등에 요구되는 공학, 디자인, 인문학적 가치창출 부분에 대한 창의융합형 역량 배양

자율성 · 공유 · 협력에 기초해
제품의 기획 · 제작 · 완성까지 모든 과정을
학생이 스스로 판단하며 이끄는 프로젝트 교육

상상하고, ideate

만들고, make

공유한다! share

〈그림14〉 메이킹 역량 모델

📍 창업역량 증대

- 기존 창업교육의 한계 부분을 학생이 스스로 판단하는 현장프로젝트, 단계별 기계기구 활용역량 학습을 통하여 직접시제품 개발 경험을 보유함에 따라 기존창업교육 한계극복을 통한 하드웨어형 창업실행 역량 증대

📍 메이킹 문화 및 지식 확산

- 다양한 창작활동을 실제적으로 수행함으로써 창의로운 제품개발과 공유 문화를 확산하고, 팀원 상호간의 다양한 전공지식확산
- 4차 산업혁명시대의 기업가정신 실현을 위한 민첩성, 변혁성, 연결성, 증폭성, 보편성 배양을 위한 현장 중심형 창업이론 교육연계로 창업실행력 증대

〈그림1〉 기업가정신과 4차 산업혁명시대 창업가항목

(출처 : 이윤준, 한정희, 4차산업혁명시대, 기업가정신과 창업, 한경사, 2020)

◉ 기술창업에 아이디어 검증 실현을 위한 체험과정

- 현재 개설 중인 창업교과목들은 이론 중심의 교육으로서 이론과 체험을 통한'아이디어의 실체화 검증'을 기술창업실행에 추가 편성함으로써 창업 교육을 한단계 점프업 시키는 과정이 필요
- 기술창업 실행에 요구되는 아이디어의 구체화 및 설계 검증을 통해 사업 아이템의 선정 과정과 피봇팅을 통해 고도화 시켜 나가는 과정을 직접 체험케하는 과정이 필요
- 기존창업교과목의 기술사업화(technology commercialization)에 대한 전주기 교육내용으로 구성되어 있어 '창업과 도전지향성 인재양성'에 요구되는 현장체득역량 제공에 한계 존재
- 이를 위해 제조기반의 창업공간인 홍익메이커랜드를 활용하여 현장 장비 교육을 통한 시제품 제작 능력을 보유케하여 향후 다양한 아이디어를 직접 사업 아이템으로 연결시킬 수 있는 기초 능력을 배양하는 교육과정 제공 필요

◉ 창업실행 두려움 해소교육과정 미비
일반적인 창업교육에서 제공되는 현 교과목 운영의 한계점으로는 창업도전에 대한 주저와 두려움 해소를 위한 교육과정의 운영이 매우 미비

목표	창의적인 전문메이커 양성		
구분	전문가양성	프로젝트교육	창업지원 프로그램
내용	• 단위장비 교육 • 등급별 메이커 교육 • 테마형 교육	• 크라우드펀딩 교육 • 지식재산권 교육 • IR 전략 수립 • 비즈니스모델 구축 • PCB 설계 • 산업디자인 교육	• 창업지원 프로그램 운영 • 기업지원 프로그램 • 시제품제작 초도물량 양산 제품 제작 • 컨설팅 • 전문가 멘토링
대상자	• 재학생 및 일반인, 지역 중소 · 중견기업		• 지역 중소 · 중견기업 • (예비)창업자

- 이 같은 과정의 한계를 극복하여 실패에 대한 두려움과 자금, 경험부족을 보완해 줄 수 있는 현장 창업지원 조직과 함께 하는 교육과정 개발운영 요구됨

◉ **Lean Start up 창업과정에 집중** 신규 교과목은 예비창업자들의 start up 단계로 가장 널리 적용되고 있는 MVP 제작을 통한 창업역량 배양에 초점을 둠. 이를 통해 급변하는 4차산업 융·복합화 시대에 하시라도 아이디어의 실체화를 통해 이를 검증하고 시장 검증 과정등을 통해 피봇팅을 하게 하는 등 창업과정의 막연한 두려움을 손쉽게 접근 가능케 할 수 있는 창업 마인드 및 역량을 혁신적으로 반영

- 신규 교과목인 '메이커를 위한 **창작과 장비활용**'은 4차산업혁명형 요소기술이 만들어 내는 다양한 형태의 미래형 시장환경에 필요한 창업역량으로 스마트형 제조창업과 이에 필요한 장비 활용 역량을 갖추도록 교육과정을 신설
- 단전적인 기업가정신(entrepreneurship) 교육이 아닌, 창업에 필요한 장비활용 능력과 창업실행에 대한 포부를 가질 수 있도록 하는 실천적 지식 제공으로 구성
  - 스마트 산업과 연계된 제조기반의 Business 플랫폼 장비 체득 교육과정 제공

◉ **Running 과제 도입** 학생 스스로 교육 과정 중 아이디어를 실제 시제품 제작으로 직접 구현 할 수 있도록 Running 과제를 스스로 기획하게 하여 자신만의 창업아이템을 실현시키는 과정을 도입

- 스마트기술창업 실행에 필요한 학습역량으로 교과과정 시작과 함께 학생 스스로 교육과정이 종료될 때까지 자신만의 아이디어(창업아이템)를 구체화하고 교과과정에서 학습된 장비활용 역량을 이용하여 직접 시제품을 만들도록 하는 과정을 도입

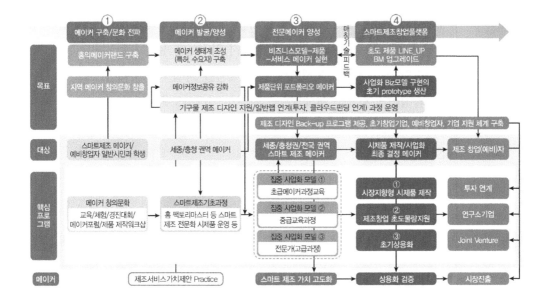

- 이를 통하여 아이디어부터 시세품 제작과정에 이르기까지의 통합 능력을 배양케하여 창업에 이르는 과정을 체험함으로써 창업과정 일부를 체득하게 하여 자신감과 창업 접근성을 높임

◎ **장비 활용 능력 확보에 초점** 스마트 제조기반에 필수적인 제반 장비의 활용 능력을 배양시켜 시제품 제작 과정을 직접 체험하게 함으로써 시제품에 요구되는 제반 기술적 허들, 원가 분석 등 경영에 필수적인 요소들을 체험케 구성

- 스마트기술을 활용한 기술창업(아이디어포함)에 요구되는 다양한 시제품의 구성 요소들에 대한 장애, 극복 방안 등을 인지하게 유도
  - 아이디어를 여하히 제품화로 연결할 수 있을 것인가에 대한 접근을 위해 제품 설계 능력과 해석 등을 통한 시뮬레이션 능력을 배양
  - 이후 설계상 구체화된 제품을 시제품 제작과정으로 연결하여 설계와

제품간의 괴리, 간섭, 제작과정상의 제약 요소 등을 인지하게 하여 설계와 제조상의 장애 요소들이 무엇인지 인지하게 유도
- 최종적인 설계수정을 통해 완성된 시제품을 직접 제작하게 함으로써, 창업과정상의 시제품 제작과정을 완전히 이해하도록 구성하여 향후 하시라도 번뜩이는 아이디어를 제품화로 연결시킬 수 있는 예비 창업가로 육성

CHAPTER **02**

주별 강의내용

구분	학습주제	학습목표 및 내용	강의시간 방법
1주	오리엔테이션 메이커와 메이킹 개념과 활용	• 오리엔테이션 • 메이커(Maker)와 메이킹 (Making) 개념 이해 • 메이킹을 활용한 생각(개념설계)과 개념고도화, 개념 시각화와 구현화를 통한 통합 창의융합역량의 개념 소개 • 해외에서의 메이킹 운영과 교육사례	1주 (3H) 강의/토론 팀 구성
강의안 슬라이드		**Tinkering** • 흥미 및 동기 유발 • 도구, 재료 기능 습득 • 아이디어 산출 및 수렴 **Making** • 설계 및 재료 준비 • 실제 만들기 활동 **Sharing** • 제작 과정에서의 지식, 방법, 결과물 온라인 및 오프라인에 공유 **Improving** • 피드백에 따른 결과물 분석 • 개선 방법 연구 및 실천 • 새로운 메이킹 활동 논의	MAKER EXPERIENCE
강사가이드 및 학습내용(핵심)		**✔ 메이커와 메이킹 개념소개** • 4차산업혁명형 인재를 육성하기 위해서는 어떤 교육이 필요할까? 이 답은 메이커 교육임 • 메이커 교육은 학생들 스스로 학습의 주체가 되어 주제를 정하고, 정보를 검색하며, 문제를 해결할 수 있도록 도와주고, 결과물을 완성하는 학습자 중심으로 운영 • 개념설계과 학생들은 만들기 과정을 통해 융합적으로 사고하고, 창의적으로 문제를 해결하며, 다른 학생들과 상호 협력하는 과정 속에 창작의 재미를 느끼고, 다양한 경험습득 • DIY (Do It Yourself)에서 시작한 메이커 운동은 DIT(Do It Together)로 ·개인의 필요에 의한 창작·에서 ·협업, 공유를 통한 창작·으로 변화하면서, 메이커끼리의 협업(Maker to maker)을 통해 창업으로의 연계 (Maker to Market)를 다양한 경험 등을 습득하게 됨	

구분	학습주제	학습목표 및 내용	강의시간 방법
1주	오리엔테이션 메이커와 메이킹 개념과 활용	• 오리엔테이션 • 메이커(Maker)와 메이킹 (Making) 개념 이해 • 메이킹을 활용한 생각(개념설계)와 개념고도화, 개념 시 각화와 구현화를 통한 통합 창의융합역량의 개념 소개 • 해외에서의 메이킹 운영과 교육사례	1주 (3H) 강의/토론 팀 구성

	메이커 교육 활용을 위한 구성 요소	세부 내용
강의안 슬라이드	실제적 맥락의 융합 과제	• 과제가 도구를 익히는 데 초점을 두어서는 안 되고, 그 이상의 학습이 이루어질 수 있는 것이어야 함. • 과제 내용이 특정 교과의 학습에 속박될 필요가 없고 필요하다면 교과 융합적 접근도 가능함. • 과제의 목표, 활동 내용 등을 학생이 직접 선택할 수 있어야 함. • 과제 수행이 학생이 겪는 실제 문제를 해결하는 데 도움이 되어야 함.
	창의적 설계(문제해결) 중심의 교수학습 과정	• 단순히 만들기 활동만 하는 것이 아니라 이를 통해 사고과정과 학습이 촉발되어야 함. • 학생이 교수학습의 전 과정에 능동적으로 참여할 수 있어야 함. • 학생과 학생 간에 메이커 지식, 노하우, 결과 등이 활발히 공유되어야 함. • 교사와 학생들이 학생의 다양성과 차이를 존중하는 태도를 보여야 함.
	가치 창출을 위한 만들기	• 만들기에서의 실패가 용인되고 만들기에 대한 재도전이 가능해야 함. • 만들기가 학생의 창작 욕구와 흥미를 자극하는 것이어야 함. • 만들기가 학생의 입장에서 실행 가능한 것이어야 함. • 만들기가 학생 스스로 가치를 부여할 수 있는 것이어야 함.
	개방·공유·참여의 교육환경	• 학교 내·외의 물리적, 제도적, 인적 자원 등이 융통성 있게 활용될 수 있어야 함.

강사가이드 및 학습내용(핵심)	✔ **메이커교육구성요소 소개** • 구성요소의 이해 • 창의적 설계와 가치창출이란 무엇인가 이해 • 문제를 찾아낼 역량 (개념설계)과 이를 통한 가치를 만들어 내는 과정 에서, 협업, 개방, 공유, 다양한 전공지식들이 융·복합되는 과정설명

구분	학습주제	학습목표 및 내용	강의시간 방법
1주	오리엔테이션 메이커와 메이킹 개념과 활용	• 오리엔테이션 • 메이커(Maker)와 메이킹 (Making) 개념 이해 • 메이킹을 활용한 생각(개념설계)와 개념고도화, 개념 시각화와 구현화를 통한 통합 창의융합역량의 개념 소개 • 해외에서의 메이킹 운영과 교육사례	1주 (3H) 강의/토론 팀 구성

강의안
슬라이드

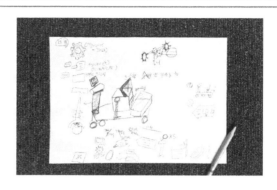

구분	학습주제	학습목표 및 내용	강의시간 방법
1주	오리엔테이션 메이커와 메이킹 개념과 활용	• 오리엔테이션 • 메이커(Maker)와 메이킹 (Making) 개념 이해 • 메이킹을 활용한 생각(개념설계)와 개념고도화, 개념 시각화와 구현화를 통한 통합 창의융합역량의 개념 소개 • 해외에서의 메이킹 운영과 교육사례	1주 (3H) 강의/토론 팀 구성

강사가이드 및 학습내용(핵심)	

✔ **메이킹과정**

• **Ideate**
  - 최근 창의 · 융합 역량을 함양할 수 있는 융합 교육과 학습자 중심 교육이 강조됨에 따라 메이커 교육에 대한 사회적 요구가 국내 · 외에서 부각
  - 첫째 상상개념 만들어 내기로 다른 사람들은 어떻게 만들었는지 찾아보는 것(⑩ 구글을 이용해 영어로 검색 등등) 해외의 다양한 정보까지 볼 수있음
  - 사실 메이커 운동의 핵심이 여기에 있음. 메이커 운동에 동참하는 메이커들은 만드는 과정을 영상으로 찍어 공개하기도 함
  - 그래서 초보자도 쉽게 따라 만들 수 있고, 또 프로그램을 무료로 제공하는 사이트도 많음
  - 개념설계 작업에 들어가는 역량이 중요

• **Thinker(개조)**
  - 팅커링은 질문하기, 탐색하기, 그리고 프로토타이핑과 반복을 통한 발견을 말함. 『아트 오브 팅커링(the art of tinkering)』이라는 책에서는 팅커링과 관련해 다음과 같은 요점을 공개 요약

  > ① 모르는 것을 편안하게 받아들여라
  > ② 빠르게 프로토타입을 정해라
  > ③ 협업과 독립성의 균형을 조율하라
  > ④ 익숙한 재료를 익숙하지 않은 방법으로 사용하라
  > ⑤ 조립하거나 만들어서 아이디어를 표현하라
  > ⑥ 아이디어들을 반복하고 다시 확인하라
  > ⑦ 스스로를 엉망인 상황으로 몰아넣어라
  > ⑧ 어느 곳에서든 실질적인 예를 탐색하라

• **Design and Making**
  - 프로토타입 만들기로, 내가 이것을 '왜 만들어?' 란 질문에 답을 할수 있는 상상력을 발휘필요. 과연 '왜'라는 질문에 대한 답을 찾을 수 있어야함
  - 당연한 질문인데, 아이들은 선뜻 대답하기 어렵다면, '왜 만들까'보다 '어떻게 만들까'를 더 고민하는 것도 아닌지 살필 것

구분	학습주제	학습목표 및 내용	강의시간 방법
1주	오리엔테이션 메이커와 메이킹 개념과 활용	• 오리엔테이션 • 메이커(Maker)와 메이킹 (Making) 개념 이해 • 메이킹을 활용한 생각(개념설계)와 개념고도화, 개념 시 각화와 구현화를 통한 통합 창의융합역량의 개념 소개 • 해외에서의 메이킹 운영과 교육사례	1주 (3H) 강의/토론 팀 구성

강의안
슬라이드

구분	학습주제	학습목표 및 내용	강의시간 방법
1주	오리엔테이션 메이커와 메이킹 개념과 활용	• 오리엔테이션 • 메이커(Maker)와 메이킹(Making) 개념 이해 • 메이킹을 활용한 생각(개념설계)와 개념고도화, 개념 시각화와 구현화를 통한 통합 창의융합역량의 개념 소개 • 해외에서의 메이킹 운영과 교육사례	1주 (3H) 강의/토론 팀 구성

강사가이드 및 학습내용(핵심)	✔ **메이킹과정** • Design and Making – 학교가 창의성을 죽이는가(Do schools kill creativity?)'라는 TED 강연으로 유명한 영국 워릭대 명예교수 켄 로빈슨은 자신이 쓴 책 『학교혁명』에서 창의성에 관해 이렇게 설명 "창의성은 누구나 인간이라는 이유로 지닌 여러 가지 능력을 통해 유도해낼 수 있다. (중략) 창의적이 된다는 것은 상식 밖의 기발한 아이디어를 떠올리는 일만이 아니라 상상력을 자유롭게 펼치는 일이기도 하다." – 재료의 선택이 중요하나, 가장 손쉽게 활용할 수 있는 재료를 활용하는 것이 좋음(⑩ 목재나 판지, 캐비넷이나 나무 조각, 종이 상자 등. 더는 쓰지 않는 구제품과 재활용품도 좋은 재료) • Sharing and Improving – 메이킹을 하는 메이커들의 가장 중요한 정신 중 하나는 '공유'이다. 사람들이 서로의 아이디와 생각을 공유함 – 내가 무엇을 좋아하고 무엇을 만들었는지, 그리고 왜 만들었으며 어떤 과정을 통해 만들어졌는지에 대한 이야기를 공유하는 것임 – 사람들과 공유하려면 꼼꼼하고 지속적인 '기록' 활동이 필요하고, 기록 없이는 내가 해온 이야기를 누군가에게 전달하기 어려움. 전달하지 못한다면 사람들과의 소통 못하게 됨. 소통이 없다면 확산도 없음. 기록은 개선을 위한 아주 중요한 메이킹 영역임 – 특히, 기록은 다양한 방법으로 운영 (⑩ 사진과 동영상도 가능) 말과 소리를 녹음 및 모든 내용을 소셜미디어에 참여공유하는 것이 중요

구분	학습주제	학습목표 및 내용	강의시간 방법
1주	오리엔테이션 메이커와 메이킹 개념과 활용	• 오리엔테이션 • 메이커(Maker)와 메이킹 (Making) 개념 이해 • 메이킹을 활용한 생각(개념설계)와 개념고도화, 개념 시각화와 구현화를 통한 통합 창의융합역량의 개념 소개 • 해외에서의 메이킹 운영과 교육사례	1주 (3H) 강의/토론 팀 구성

(미국 사례 1)

강의안 슬라이드

강사가이드 및 학습내용(핵심)

✔ **해외메이킹 교육과정 사례**

• **뉴욕 사례**

- NYC Resistor는 브루클린 시내에 위치하고 있으며 모든 사람이 편안하게 질문하고, 새로운 것을 시도하고, 때로는 실수를 저지르기를 원하는 공간

- 작은 커뮤니티에서 시작되었으며, 현재도 약 25명 정도의 소규모로 운영되고 있기 때문에 회원인 메이커들 사이의 높은 신뢰가 요구

- 안전상의 이유로 18세 이상부터 가입이 가능하며 포용적이고 안전한 공간을 유지시키기 위해 다른 사람을 모욕하거나, 괴롭히는 등의 행동이 확인된 멤버는 퇴출

구분	학습주제	학습목표 및 내용	강의시간 방법
1주	오리엔테이션 메이커와 메이킹 개념과 활용	• 오리엔테이션 • 메이커(Maker)와 메이킹 (Making) 개념 이해 • 메이킹을 활용한 생각(개념설계)와 개념고도화, 개념 시 각화와 구현화를 통한 통합 창의융합역량의 개념 소개 • 해외에서의 메이킹 운영과 교육사례	1주 (3H) 강의/토론 팀 구성
강의안 슬라이드			
강사가이드 및 학습내용(핵심)	– NYC Resistor는 회원제로 운영되기 때문에 매달 공지되는 퍼블릭 나 이트(Public Night)가 아닌 날의 방문은 거절당할 수 있다. 회원이 아 닌 사람은 퍼블릭 나이트에 방문하거나, 사전에 문의를 해야 함.		

구분	학습주제	학습목표 및 내용	강의시간 방법
1주	오리엔테이션 메이커와 메이킹 개념과 활용	• 오리엔테이션 • 메이커(Maker)와 메이킹 (Making) 개념 이해 • 메이킹을 활용한 생각(개념설계)와 개념고도화, 개념 시각화와 구현화를 통한 통합 창의융합역량의 개념 소개 • 해외에서의 메이킹 운영과 교육사례	1주 (3H) 강의/토론 팀 구성

강의안 슬라이드	**(미국 사례 2) 찾아가는 메이커스페이스**  

강사가이드 및
학습내용(핵심)
	✔ **해외메이킹 교육과정 사례**
	
	• 찾아가는 메이커스페이스
	  – 메이커(Maker)와 모바일(Mobile)의 합성어인 메이크모(MakMo)는 2016년부터 미국 캘리포니아 주 공공 도서관에서 추진하고 있는 프로젝트로 3D 프린터, 3D 스캐너, 미술·공예 재료, 디지털 카메라, 아이패드, 노트북, 레고 등과 같은 블록, 오조봇, 등의 기자재를 실은 4대의 메이크모 버스가 미국 LA 내 87개소 공공 도서관을 순회하는 프로그램
	  – 스파크트럭 스탠포스 D.School 학생들로부터 시작된 스파크 트럭은 2012년에 런칭 투어로 33개 주 전역의 약 27,000여 명의 학생들에게 실제적인 디자인 사고 경험을 제공
	  – 이 프로젝트가 공식화되어 매년 새로운 디자인의 트럭으로 전역을 순회 스파크 트럭은 K–12(유치원부터 고등학교까지) 교육자들에게 학습 경험을 설계하고 영감을 주기 위해 교육자 프레임 워크, 오픈 소스 커리큘럼, 도구 및 리소스를 개발하고 교육자에게 전문적인 개발 기회를 제공

구분	학습주제	학습목표 및 내용	강의시간 방법
1주	오리엔테이션 메이커와 메이킹 개념과 활용	• 오리엔테이션 • 메이커(Maker)와 메이킹 (Making) 개념 이해 • 메이킹을 활용한 생각(개념설계)와 개념고도화, 개념 시 각화와 구현화를 통한 통합 창의융합역량의 개념 소개 • 해외에서의 메이킹 운영과 교육사례	1주 (3H) 강의/토론 팀 구성

강의안 슬라이드	
강사가이드 및 학습내용(핵심)	– 스팀 트럭은 빈곤아동의 비공식 교육 기회가 부족하다는 불평등을 없애고 변화를 촉진하도록 설계된 커뮤니티 가이드의 혁신적이고 성과가 높은 프로그램 – 학교, 도서관, 레크리에이션 센터 및 기타 공공장소와 연계하여 진행되기 때문에 지역 사회를 발전시키고 높은 참여율을 만들어냄

구분	학습주제	학습목표 및 내용	강의시간 방법
1주	오리엔테이션 메이커와 메이킹 개념과 활용	• 오리엔테이션 • 메이커(Maker)와 메이킹 (Making) 개념 이해 • 메이킹을 활용한 생각(개념설계)와 개념고도화, 개념 시 각화와 구현화를 통한 통합 창의융합역량의 개념 소개 • 해외에서의 메이킹 운영과 교육사례	1주 (3H) 강의/토론 팀 구성

강의안 슬라이드	**(독일 사례)** 

강사가이드 및
학습내용(핵심)
	✔ **해외메이킹 교육과정 사례**
	
	• 독일베를린 메이커페이스
	  – SF에서 영향을 받아 만들어진 우주선 구조의 비밀스러운 공간,
	    c-base는 제 1호 해커 스페이스로 알려진 곳
	  – 매달 일정멤버십 비용을 지불하면서, 해커들이 한 곳에 모여 개인 프
	    로젝트 및 팀 프로젝트를 진행하면서 해커들 간의 커뮤니티를 자생
	    적으로 수립
	  – 500명이 넘는 멤버들이 활동하며, 베를린에서 열리는 트랜스 미디
	    알레(Trans-mediale) 페스티벌과도 연계되어 흥미로운 워크샵을
	    진행하는 등 다양한 활동

구분	학습주제	학습목표 및 내용	강의시간 방법
1주	오리엔테이션 메이커와 메이킹 개념과 활용	• 오리엔테이션 • 메이커(Maker)와 메이킹 (Making) 개념 이해 • 메이킹을 활용한 생각(개념설계)와 개념고도화, 개념 시각화와 구현화를 통한 통합 창의융합역량의 개념 소개 • 해외에서의 메이킹 운영과 교육사례	1주 (3H) 강의/토론 팀 구성

강의안 슬라이드	
강사가이드 및 학습내용(핵심)	– 다른 여타의 메이커 스페이스들과 C-base의 근본적인 차이점이 있다면, 다른 곳과는 다르게 순수한 멤버쉽 비용에 의해 운영된다는 점이며, 이러한 부분에서 정부 및 다른 기업들의 지원의 경우에도 그것이 C-base의 공유에 입각한 공동제작이라는 기본정신에 위배된다고 판단이 들면 허용하지 않고 있다는 점 – 또한 자발적인 참여에 의한 공동 운영의 방식 또한 타 기관과는 차별되는 점. C-base는 기본적인 운영진과 더불어 공동운영진 및 연구원들이 합심하여 전체 기관을 운영

구분	학습주제	학습목표 및 내용	강의시간 방법
1주	오리엔테이션 메이커와 메이킹 개념과 활용	• 오리엔테이션 • 메이커(Maker)와 메이킹 (Making) 개념 이해 • 메이킹을 활용한 생각(개념설계)와 개념고도화, 개념 시각화와 구현화를 통한 통합 창의융합역량의 개념 소개 • 해외에서의 메이킹 운영과 교육사례	1주 (3H) 강의/토론 팀 구성
강의안 슬라이드	**(독일 사례)** 		

✔ **해외메이킹 교육과정 사례**

• 독일 메이커페이스
  - 'Let's Work Together!'라는 슬로건을 내세우며 2009년 만들어진 베타하우스(betahaus)는 '공동 오피스'의 개념
  - 과거 인터넷 사용과 다큐멘팅 작업을 위한 이번까지의 오피스 공간과는 달리 목공을 위한 우드샵(The Wood Shop)과 공동의 하드웨어 작업을 위한 하드웨어 랩(Hardware.co Lab), 회의실과 까페, 아레나(Arena)로 불리우는 공론의 장까지 메이커 문화와 연결되는 다양한 공간/프로그램들을 제공

강의가이드 및
학습내용(핵심)

구분	학습주제	학습목표 및 내용	강의시간	방법
1주	오리엔테이션 메이커와 메이킹 개념과 활용	• 오리엔테이션 • 메이커(Maker)와 메이킹 (Making) 개념 이해 • 메이킹을 활용한 생각(개념설계)와 개념고도화, 개념 시 각화와 구현화를 통한 통합 창의융합역량의 개념 소개 • 해외에서의 메이킹 운영과 교육사례	1주 (3H) 강의/토론 팀 구성	

강의안 슬라이드	
강사가이드 및 학습내용(핵심)	베를린과 함부르크, 바르셀로나와 소피아에 이르는 4개 도시에 지점을 갖추고 있는 베타하우스는 점점 더 기존의 다양한 시도들을 흡수하며 대중적인 인기와 창업위주 운영

구분	학습주제	학습목표 및 내용	강의시간 방법
1주	오리엔테이션 메이커와 메이킹 개념과 활용	• 오리엔테이션 • 메이커(Maker)와 메이킹 (Making) 개념 이해 • 메이킹을 활용한 생각(개념설계)와 개념고도화, 개념 시각화와 구현화를 통한 통합 창의융합역량의 개념 소개 • 해외에서의 메이킹 운영과 교육사례	1주 (3H) 강의/토론 팀 구성

강의안 슬라이드	(일본 사례) 

강사가이드 및 학습내용(핵심)	✔ 해외메이킹 교육과정 사례
	
	• 일본 메이커페이스
	  – 2014년 파나소닉 공장의 이전으로 생긴 공장부지가 마치츠쿠리(町作, 마을만들기) 운동에 사용되는 과정에 설립된 물건 만들기 뿐 아니라 음식 제조가 가능한 메이커 스페이스
	  – 음식 분야의 프리랜서들이 주로 이용하는 메이커스페이스로, 주로 정보교환 목적의 네트워크가 활발하게 형성
	  – 뿐만 아니라 디자이너들이 수작업에서 나아가 기계를 이용한 만들기의 영역까지 확장되어, 음식 외에도 간단한 물건을 만드는 워크샵을 통해 더욱 다양하게 확보

구분	학습주제	학습목표 및 내용	강의시간 방법
1주	오리엔테이션 메이커와 메이킹 개념과 활용	• 오리엔테이션 • 메이커(Maker)와 메이킹 (Making) 개념 이해 • 메이킹을 활용한 생각(개념설계)와 개념고도화, 개념 시 　각화와 구현화를 통한 통합 창의융합역량의 개념 소개 • 해외에서의 메이킹 운영과 교육사례	1주 (3H) 강의/토론 팀 구성
강의안 슬라이드		 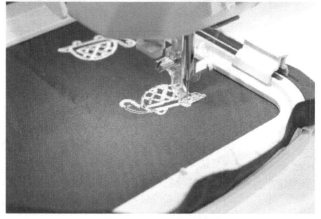	
강사가이드 및 학습내용(핵심)		－ 워크숍은 FERMENT 공간에서 진행되고 있으나 희망자에 한해 출장 　워크샵도 운영 － 매회 정원은 6명 내외의 소규모로 진행하며 회원만 참여가 가능	

2주 / 메이킹과 Lean startup

구분	학습주제	학습목표 및 내용	강의시간 방법
2주	메이킹과 Lean startup	• Lean startup 이해하기 • MVP의 개념과 Lean 학습방법 • Pivoting 과 시장fit 이해 • 기능과 시장 캡 이해 • MVP의 역할 차이	2주 (3H) 강의/토론 팀 구성

강의안 슬라이드

□ 기본용어

• **MVP**(Minimum Viable Product)는 창업자의 아이디어를 작동이 가능한 최소한의 핵심 기능만을 탑재한 프로그램 또는 제품

• **Prototype** : 개발접근법의 하나, 시스템의 모형(원형, **prototype**)을 간단히 만들어 사용자에게 보여 주고, 사용자가 직접 사용해 보게 함으로써 기능의 추가, 변경 및 삭제 등을 요구하면 이를 즉각 반영, 재설계 하고 프로토타입을 재 구축하는 과정

• **PIVOTTING** : 제품에 대한 새롭고 근본적인 가설을 테스트하기 위해 경로를 구조적으로 수정하는 것 (축을 중심으로 다른 방향으로 전환하는 농구 용어로 빠른 태세 전환)

• 혁신 : 무엇인가를 통해 소비자의 행동을 과감하게 변화시키는 것 (Han, 2020)
 (소비자 행동의 특성은 한번 변하면, 그 방향을 계속 유지하려는 경향_경로의존성)

강사가이드 및 학습내용(핵심)

✓ **Lean 창업소개**

 – 창업의 과정이해 하기
 – Lean start up의 개요

구분	학습주제	학습목표 및 내용	강의시간 방법
2주	메이킹과 Lean startup	• Lean startup 이해하기 • MVP의 개념과 Lean 학습방법 • Pivoting 과 시장fit 이해 • 기능과 시장 캡 이해 • MVP의 역할 차이	2주 (3H) 강의/토론 팀 구성

<table>
<tr><td rowspan="14">강의안
슬라이드</td><td colspan="3">

• BUSINESS MODEL : 가치 창출과 수익창출을 위한 설계도 (가설) (Han, 2020)

• ONTOLOGY: 사람들이 세상에 대하여 보고 듣고 느끼고 생각하는 것에 대하여 서로 간의 다양한 과정(예; 토론)을 통하여 합의한 특정분야의 '개념이나 지식'

</td></tr>
</table>

Han(2020)	A&T(2001)	Osterwalder&Pigneur(2010)
고객가치제안	고객가치제안	가치제안
목표시장	세분시장	고객집단
수익모델	수익자원, 가격	수익패턴
지속가능성	지속가능성	비용구조
핵심 역량	연관활동	핵심자원 / 핵심활동 핵심파트너십 / 고객관계 채널

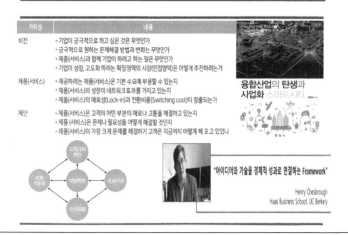

가치성	내용	
비전	• 기업이 궁극적으로 하고 싶은 것은 무엇인가 • 궁극적으로 원하는 문제해결 방법과 변화는 무엇인가 • 제품(서비스)와 함께 기업이 하려고 하는 일은 무엇인가 • 기업이 성장, 고도화 하려는 확장영역의 시장(인접영역)은 어떻게 추진하려는가	
제품(서비스)	• 제공하려는 제품(서비스)은 기본 수요에 부응할 수 있는지 • 제품(서비스)의 성장이 네트워크효과를 가지고 있는지 • 제품(서비스)의 매력성(Lock-in)과 전환비용(Switching cost)이 창출되는가	
제안	• 제품(서비스)은 고객의 어떤 부분의 애로나 고통을 해결하고 있는지 • 제품 (서비스)는 문제나 필요성을 어떻게 해결할 것인지 • 제품(서비스)이 가장 크게 문제를 해결하기 고객은 지금까지 어떻게 해 오고 있었나	

융합산업의 탄생과
사업화 스마트시티

"아이디어와 기술을 경제적 성과로 연결하는 Framework"

Henry Chesbrough
Haas Business School, UC Berkely

강사가이드 및 학습내용(핵심)

✓ **Lean 창업소개**

- Business model의 이해와 개념설계
- 창업시 시제품 개발에 요구되는 개념설계와 ideate의 핵심

구분	학습주제	학습목표 및 내용	강의시간 방법
2주	메이킹과 Lean startup	• Lean startup 이해하기 • MVP의 개념과 Lean 학습방법 • Pivoting 과 시장fit 이해 • 기능과 시장 캡 이해 • MVP의 역할 차이	2주 (3H) 강의/토론 팀 구성

강의안 슬라이드	□ 왜 Startup이 실패할까 ? Entrepreneurship **Why Start-ups Fail** It's not always the horse or the jockey. by Tom Elsenmann  □ 왜 Startup이 실패할까 ? 잘못된 출발 (False start) 

강사가이드 및
학습내용(핵심)
	✔ **Lean 창업소개**
	
	   – 창업의 과정이해 하기
	   – Lean start up의 개요

구분	학습주제	학습목표 및 내용	강의시간 방법
2주	메이킹과 Lean startup	• Lean startup 이해하기 • MVP의 개념과 Lean 학습방법 • Pivoting 과 시장fit 이해 • 기능과 시장 캡 이해 • MVP의 역할 차이	2주 (3H) 강의/토론 팀 구성
강의안 슬라이드			

강사가이드 및
학습내용(핵심)
		✔ **Lean 창업소개**
		
		  – 창업실패 요인요약을 통한 제품 개념설계 중요성
		  – 창업을 위한 메이커(전문메이커)의 준비요소 핵심	

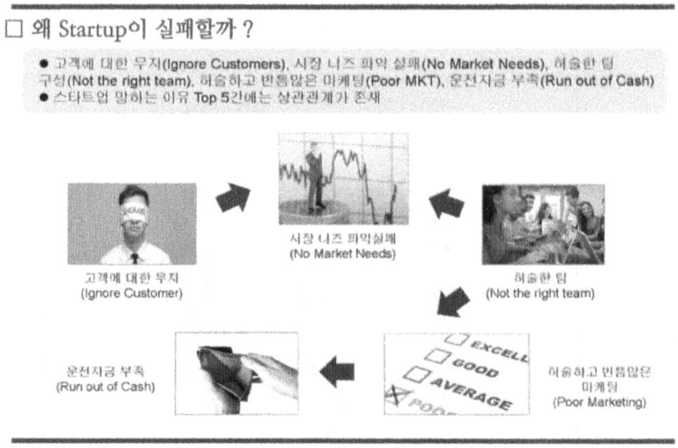

구분	학습주제	학습목표 및 내용	강의시간 방법
2주	메이킹과 Lean startup	• Lean startup 이해하기 • MVP의 개념과 Lean 학습방법 • Pivoting 과 시장fit 이해 • 기능과 시장 캡 이해 • MVP의 역할 차이	2주 (3H) 강의/토론 팀 구성

강의안 슬라이드	□ 왜 Startup이 실패할까 ? ● 잘못된 출발 (False start) : 엔지니어의 노력을 시작하기 전 (시제품) 고객의 수요 (customer) 파악을 게을리 하는 것. Many entrepreneurs who claim to embrace the lean start-up canon actually adopt only part of it. Specifically, they launch MVPs and iterate on them after getting feedback. By putting an MVP out there and testing how customers respond, founders are supposed to avoid squandering time and money building and marketing a product that no one wants. Yet by neglecting to research customer needs *before* commencing their engineering efforts, entrepreneurs end up wasting valuable time and capital on MVPs that are likely to miss their mark. These are *false starts*. 출처:https://hbr.org/2021/05/why-start-ups-fail □ 잘못된 출발을 바로 잡는 방법은? ● 1. Problem definition. Before commencing engineering work, entrepreneurs should conduct rigorous interviews with potential customers ● 2. Solution development. Once entrepreneurs have identified priority customer segments and gained a deep understanding of their unmet needs, the team's next step should be brainstorming a range of solutions

강사가이드 및
학습내용(핵심)
	✔ **Lean 창업소개**
	– 창업의 과정의 출발중요성
	– 도대체, 개념설계
	  (왜 이 제품을 만들고 있나)
	– 어떤 문제를 해결하고 있나,
	  이것이 시장에서 얼마나 절실한가

구분	학습주제	학습목표 및 내용	강의시간 방법
2주	메이킹과 Lean startup	• Lean startup 이해하기 • MVP의 개념과 Lean 학습방법 • Pivoting 과 시장fit 이해 • 기능과 시장 캡 이해 • MVP의 역할 차이	2주 (3H) 강의/토론 팀 구성

강의안 슬라이드	□ 잘못된 출발을 바로 잡는 방법은? ● 3. Solution validation. To evaluate demand for the favored solution, the team then runs a series of MVP tests. Unlike the prototype review sessions during step 2—conducted across the table with a single reviewer—an MVP test puts an actual product in the hands of real customers in a real-world setting to see how they respond. To avoid waste, the best MVPs have the lowest fidelity needed to get reliable input—that is, they provide no more "looks like" polish and "works like" functionality than are strictly necessary. Early MVP tests may take things further assessing demand for a planned product through a Kickstarter campaign or by soliciting letters of intent to purchase from business-to-business customers
강사가이드 및 학습내용(핵심)	✔ **Lean 창업소개** 　– 창업실패 요인요약을 통한 제품 개념설계 중요성 　– 창업을 위한 메이커(전문메이커)의 준비요소 핵심

구분	학습주제	학습목표 및 내용	강의시간 방법
2주	메이킹과 Lean startup	• Lean startup 이해하기 • MVP의 개념과 Lean 학습방법 • Pivoting 과 시장fit 이해 • 기능과 시장 캡 이해 • MVP의 역할 차이	2주 (3H) 강의/토론 팀 구성

강의안 슬라이드	□ 시제품 (prototype) 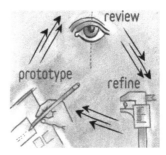
강사가이드 및 학습내용(핵심)	✓ **Lean 창업소개** 　– 창업의 과정의 출발중요성 　– 도대체, 개념설계(왜 이 제품을 만들고 있나) 　– 어떤 문제를 해결하고 있나, 이것이 시장에서 얼마나 절실한가

구분	학습주제	학습목표 및 내용	강의시간 방법
2주	메이킹과 Lean startup	• Lean startup 이해하기 • MVP의 개념과 Lean 학습방법 • Pivoting 과 시장fit 이해 • 기능과 시장 캡 이해 • MVP의 역할 차이	2주 (3H) 강의/토론 팀 구성

강의안 슬라이드	☐ 시제품 (prototype) ● 프로토타입의 가장 기본적인 정의는, "론칭 전에 테스트하기 위해 사용되는 최종 제품의 시뮬레이션 또는 샘플 버전" ● 프로토타입 제작 목표: - 최종 제품에 많은 돈과 시간을 쏟아 붓기 전에 제품(과 제품 아이디어)을 테스트하는 것 ● 프로토타입 기능 : - 사용자에게 가장 기본이 되는 기능은 무엇인가? - 아직 고려하지 못한 사항은 무엇인가? -어떻게 지금까지 아무도 적용하지 않았을까
강사가이드 및 학습내용(핵심)	✔ **Lean 창업소개** 　– 창업에서의 시제품이 왜 중요한가 　– 프로토타입의 역할과 메이킹연계 　– 창업을 위한 메이커(전문메이커)의 준비요소 핵심

구분	학습주제	학습목표 및 내용	강의시간 방법
2주	메이킹과 Lean startup	• Lean startup 이해하기 • MVP의 개념과 Lean 학습방법 • Pivoting 과 시장fit 이해 • 기능과 시장 캡 이해 • MVP의 역할 차이	2주 (3H) 강의/토론 팀 구성

강의안 슬라이드	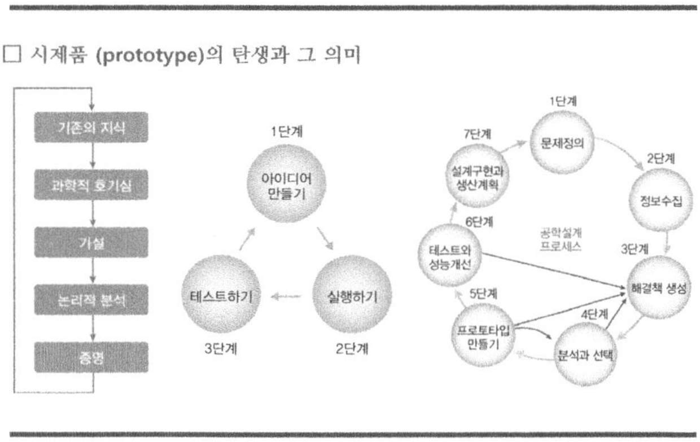 □ 시제품 (prototype)의 탄생과 그 의미
강사가이드 및 학습내용(핵심)	✓ **Lean 창업소개** – 창업의 과정의 출발중요성 – 도대체, 개념설계 (왜 이 제품을 만들고 있나) – 어떤 문제를 해결하고 있나, 이것이 시장에서 얼마나 절실한가

구분	학습주제	학습목표 및 내용	강의시간 방법
2주	메이킹과 Lean startup	• Lean startup 이해하기 • MVP의 개념과 Lean 학습방법 • Pivoting 과 시장fit 이해 • 기능과 시장 캡 이해 • MVP의 역할 차이	2주 (3H) 강의/토론 팀 구성

강의안 슬라이드	□ 3단계: 해결책 생성 (Brainstorming) → 4단계 : 분석과 선택 (최적선택)   □ 5단계: 프로토타입 만들기 → 6단계 : 성능개선/ 적용)   　▪ 프로토타입의 설계 목표에 대한 부합 여부 여부 테스트 　▪ 개선되어야 할 점이 있으면 [3단계]나 [4단계]로 되돌아감
강사가이드 및 학습내용(핵심)	✔ **Lean 창업소개** 　－ 창업에서의 시제품이 왜 중요한가 　－ 프로토타입의 역할과 메이킹연계 　－ 세제품의 활용성이해 　－ 효과적인 시제품활용 역량이란

구분	학습주제	학습목표 및 내용	강의시간 방법
2주	메이킹과 Lean startup	• Lean startup 이해하기 • MVP의 개념과 Lean 학습방법 • Pivoting 과 시장fit 이해 • 기능과 시장 캡 이해 • MVP의 역할 차이	2주 (3H) 강의/토론 팀 구성

강의안 슬라이드	□ 결론 : (1) 테스트에 정확한 시나리오와 명확한 목적을 정의해야 함 (ex명료한 대상, 어디서 누구에게 할 것인가 등) (2) 테스트에는 개방적 질문을 하고, 의도된 질문을 하지 말 것 (숨겨진 진실을 확인하기 위해서 '왜'를 반드시 확인한다 (3) 테스트에는 이해관계자와 함께 테스트하는 것이 필요
강사가이드 및 학습내용(핵심)	✔ **Lean 창업소개** 　– 시제품의 역할 이해 　– 발견된 문제해결을 위한 개념설계의 첫 구현된(만듦) 시제품의 다양한 활용 시행

구분	학습주제	학습목표 및 내용	강의시간 방법
2주	메이킹과 Lean startup	• Lean startup 이해하기 • MVP의 개념과 Lean 학습방법 • Pivoting 과 시장fit 이해 • 기능과 시장 캡 이해 • MVP의 역할 차이	2주 (3H) 강의/토론 팀 구성

강의안 슬라이드	□ 시제품 (prototype)과 기술창업 프로세스 □ 시제품 (prototype) ● 프로토타입의 가장 기본적인 정의는, "론칭 전에 테스트하기 위해 사용되는 최종 제품의 시뮬레이션 또는 샘플 버전" ● 프로토타입 제작 목표: - 최종 제품에 많은 돈과 시간을 쏟아 붓기 전에 제품(과 제품 아이디어)을 테스트하는 것 ● 프로토타입 기능 : - 사용자에게 가장 기본이 되는 기능은 무엇인가? - 아직 고려하지 못한 사항은 무엇인가? -어떻게 지금까지 아무도 적용하지 않았을까
강사가이드 및 학습내용(핵심)	✔ **Lean 창업소개** – 문제해결과정과 디자인싱킹 요소와 연계된 기술창업에서의 프로토타입 이해하기

구분	학습주제	학습목표 및 내용	강의시간 방법
2주	메이킹과 Lean startup	• Lean startup 이해하기 • MVP의 개념과 Lean 학습방법 • Pivoting 과 시장fit 이해 • 기능과 시장 캡 이해 • MVP의 역할 차이	2주 (3H) 강의/토론 팀 구성

강의안 슬라이드	 □ 린 창업이란

강사가이드 및
학습내용(핵심)

✓ **Lean 창업의 프로세스**

  – Lean 창업의 개요와 활용
  – 왜 Lean 창업에서 학습이 중요한가
  – 시장과 Pivoting은 어떻게 알 수 있나
  – 시제품과 MVP의 역할차이

구분	학습주제	학습목표 및 내용	강의시간 방법
2주	메이킹과 Lean startup	• Lean startup 이해하기 • MVP의 개념과 Lean 학습방법 • Pivoting 과 시장fit 이해 • 기능과 시장 캡 이해 • MVP의 역할 차이	2주 (3H) 강의/토론 팀 구성

강의안 슬라이드	☐ Lean Startup의 탄생과 그 의미 ● - 창업이란 극단적인 불활실성아래에서 새로운 제품과 서비스를 제공하기 위 해 만들어진 조직 (A startup is a human institution designed to deliver a new product or service under conditions of extreme uncertainty (Eric Lies, 2011)   스티브계라브랭크　　에릭리스 ☐ 린 창업이란 
강사가이드 및 학습내용(핵심)	✔ **Lean 창업의 프로세스** – Lean 창업의 개요와 활용 – 왜 Lean 창업에서 학습이 중요한가 – 시장과 Pivoting은 어떻게 알 수 있나 – 시제품과 MVP의 역할차이

구분	학습주제	학습목표 및 내용	강의시간 방법
2주	메이킹과 Lean startup	• Lean startup 이해하기 • MVP의 개념과 Lean 학습방법 • Pivoting 과 시장fit 이해 • 기능과 시장 캡 이해 • MVP의 역할 차이	2주 (3H) 강의/토론 팀 구성

강의안 슬라이드	

강사가이드 및
학습내용(핵심)
	✓ Lean 창업의 프로세스
	
	  – Lean 창업의 개요와 활용
	  – 왜 Lean 창업에서 학습이 중요한가
	  – 시장과 Pivoting은 어떻게 알 수 있나
	  – 시제품과 MVP의 역할 차이

구분	학습주제	학습목표 및 내용	강의시간 방법
2주	메이킹과 Lean startup	• Lean startup 이해하기 • MVP의 개념과 Lean 학습방법 • Pivoting 과 시장fit 이해 • 기능과 시장 캡 이해 • MVP의 역할 차이	2주 (3H) 강의/토론 팀 구성

강의안 슬라이드	 ☐ 스타트업의 최대경영자원은 엔지니어의 시간이며, 그는 이것이 비효율적으로 활용되고 있다고 생각 " 만드는 것은 검증에 필요한 최소한의 것 (MVP)에 한정 

강사가이드 및
학습내용(핵심)
	✔ **Lean 창업의 프로세스**
	   – Lean 창업의 개요와 활용
	   – 왜 Lean 창업에서 학습이 중요한가
	   – 시장과 Pivoting은 어떻게 알 수 있나
	   – 시제품과 MVP의 역할 차이

구분	학습주제	학습목표 및 내용	강의시간 방법
2주	메이킹과 Lean startup	• Lean startup 이해하기 • MVP의 개념과 Lean 학습방법 • Pivoting 과 시장fit 이해 • 기능과 시장 캡 이해 • MVP의 역할 차이	2주 (3H) 강의/토론 팀 구성

강의안 슬라이드	

강사가이드 및 학습내용(핵심)

✔ **Lean 창업의 프로세스**

- Lean 창업의 개요와 활용
- 왜 Lean 창업에서 학습이 중요한가
- 시장과 Pivoting은 어떻게 알 수 있나
- 시제품과 MVP의 역할 차이

구분	학습주제	학습목표 및 내용	강의시간 방법
2주	메이킹과 Lean startup	• Lean startup 이해하기 • MVP의 개념과 Lean 학습방법 • Pivoting 과 시장fit 이해 • 기능과 시장 캡 이해 • MVP의 역할 차이	2주 (3H) 강의/토론 팀 구성

<table>
<tr><td rowspan="2">강의안
슬라이드</td><td colspan="2">

이노베이션의 성공 확률을 극적으로 올리려는 시도였다.

리스가 저술한 『린 스타트업』(2011)에는

• 전략은 축발을 바꾸면서도 지속적으로 개선해 단단해질 때까지 큰 승부를 걸지 않는다.
• 작업은 제공 가치의 향상과 아이디어 검증으로 연결되는 것에만 한정한다.
• 이들의 개선·검증을 MVP를 사용해 초고속으로 실행한다.

</td></tr>
<tr><td colspan="2">

● Lean Startup 의 Build, Measure, Learn Loop

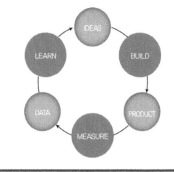

</td></tr>
<tr><td>강사가이드 및
학습내용(핵심)</td><td colspan="2">

✔ Lean 창업의 프로세스

– Lean 창업의 개요와 활용
– 왜 Lean 창업에서 학습이 중요한가
– 시장과 Pivoting은 어떻게 알 수 있나
– 시제품과 MVP의 역할 차이

</td></tr>
</table>

구분	학습주제	학습목표 및 내용	강의시간 방법
2주	메이킹과 Lean startup	• Lean startup 이해하기 • MVP의 개념과 Lean 학습방법 • Pivoting 과 시장fit 이해 • 기능과 시장 캡 이해 • MVP의 역할 차이	2주 (3H) 강의/토론 팀 구성

강의안 슬라이드	□ 6가지 핵심 ● 고객이 진정으로 원하는 것 (Getting beyond technical problem over what customers really wants) ● IDEA에 집착하지마라 (Don't stick to Ideas) ● 학습이 핵심이다 (Learning is the key ; what can you take away from each step of the process) ● 기업가정신을 잃지말라 (Boring Jobs are going obsolete) ● 생산은 걱정마라 어렵지 않다 (We can now rent of means of production) ● 생산적인 실패 (Fails is trendy, but Productive fail is important)
강사가이드 및 학습내용(핵심)	✓ **Lean 창업의 프로세스** 　– Lean 창업의 개요와 활용 　– 왜 Lean 창업에서 학습이 중요한가 　– 시장과 Pivoting은 어떻게 알 수 있나 　– 시제품과 MVP의 역할 차이

구분	학습주제	학습목표 및 내용	강의시간 방법
2주	메이킹과 Lean startup	• Lean startup 이해하기 • MVP의 개념과 Lean 학습방법 • Pivoting 과 시장fit 이해 • 기능과 시장 캡 이해 • MVP의 역할 차이	2주 (3H) 강의/토론 팀 구성

강의안 슬라이드	● Lean startup 의 MVP의 기본원칙 - 최소존속제품을 통해 target 고객의 문제가 해결되는지 그렇지 않은 지 정도 를 빠르게 파악하여 '학습'하여 다시 제품개발에 반영하는 것이 중요 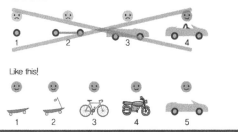 □ MVP: BML : B (Bulid, 제작하기), Measure (측정하기), Learn (학습 하기) - 누가 고객이고, 무엇을 원하는지 알아내기 위한 방법론 (Tool) 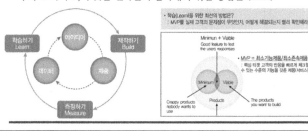

강사가이드 및
학습내용(핵심)
	✓ **Lean 창업의 프로세스**
	    - Lean 창업의 개요와 활용
	    - 왜 Lean 창업에서 학습이 중요한가
	    - 시장과 Pivoting은 어떻게 알 수 있나
	    - 시제품과 MVP의 역할 차이

구분	학습주제	학습목표 및 내용	강의시간 방법
2주	메이킹과 Lean startup	• Lean startup 이해하기 • MVP의 개념과 Lean 학습방법 • Pivoting 과 시장fit 이해 • 기능과 시장 캡 이해 • MVP의 역할 차이	2주 (3H) 강의/토론 팀 구성

강의안 슬라이드	

▪ 학습 (Learning) Tool의 구성

(1)Customer Development (고객개발) : 제품지향적이 아닌, 고객지향적인
   제품을 만들어 내는 것
(2) Lean Startup : 극심한 불확실성 아래, 한정된 자원으로 핵심고객 개발
   을 위한 학습과정
(3) Bootstrapping : 스타트업에서 창업자가 최소한의 자본을 가지고 창업
하는 의미로 '현재상황에서 어떻게든 한다' 로 의사결정을 내리는 상황

[창업실행이란, 최소한의 사람, 최소한의 자금으로 출발하지만, 학습 만큼은
극대화 해야함.-MVP는 모든 기능을 갖춘 완벽한 제품일 필요는 없지만 품질에
있어서는 흠이 없어야 함]

▪ 일반기업신상품 개발

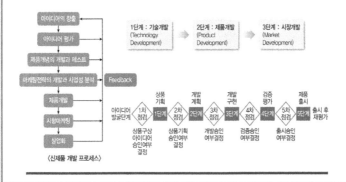

〈신제품 개발 프로세스〉

강사가이드 및 학습내용(핵심)	

✔ **Lean 창업의 프로세스**

　– Lean 창업의 개요와 활용
　– 왜 Lean 창업에서 학습이 중요한가
　– 시장과 Pivoting은 어떻게 알 수 있나
　– 시제품과 MVP의 역할 차이

구분	학습주제	학습목표 및 내용	강의시간 방법
2주	메이킹과 Lean startup	• Lean startup 이해하기 • MVP의 개념과 Lean 학습방법 • Pivoting 과 시장fit 이해 • 기능과 시장 캡 이해 • MVP의 역할 차이	2주 (3H) 강의/토론 팀 구성

강의안 슬라이드	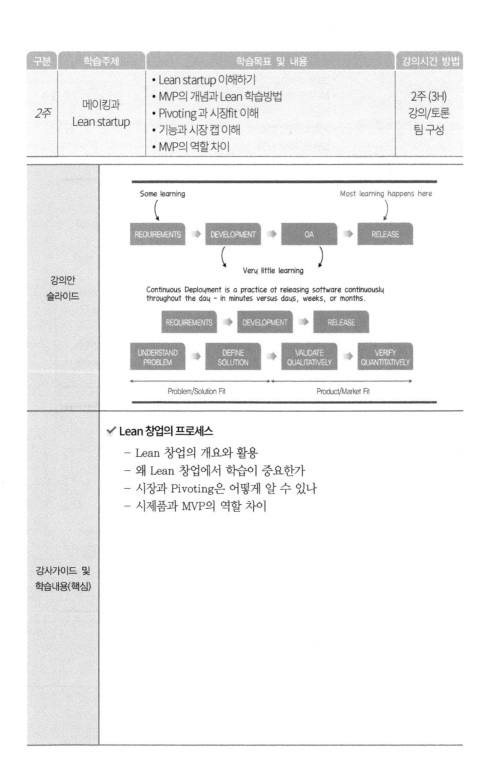

✓ Lean 창업의 프로세스

- Lean 창업의 개요와 활용
- 왜 Lean 창업에서 학습이 중요한가
- 시장과 Pivoting은 어떻게 알 수 있나
- 시제품과 MVP의 역할 차이

강사가이드 및
학습내용(핵심)

구분	학습주제	학습목표 및 내용	강의시간 방법
2주	메이킹과 Lean startup	• Lean startup 이해하기 • MVP의 개념과 Lean 학습방법 • Pivoting 과 시장fit 이해 • 기능과 시장 캡 이해 • MVP의 역할 차이	2주 (3H) 강의/토론 팀 구성

강의안 슬라이드	● Running Lean의 핵심 : Speed (속도), Learning (학습), Focus MVP/Process 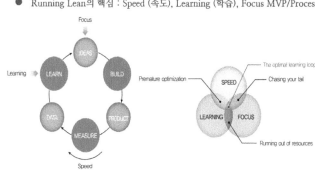

✓ Lean 창업의 프로세스

    – Lean 창업의 개요와 활용
    – 왜 Lean 창업에서 학습이 중요한가
    – 시장과 Pivoting은 어떻게 알 수 있나
    – 시제품과 MVP의 역할 차이

(강사가이드 및 학습내용(핵심))

구분	학습주제	학습목표 및 내용	강의시간 방법
2주	메이킹과 Lean startup	• Lean startup 이해하기 • MVP의 개념과 Lean 학습방법 • Pivoting 과 시장fit 이해 • 기능과 시장 캡 이해 • MVP의 역할 차이	2주 (3H) 강의/토론 팀 구성

강의안 슬라이드

● Learn Canvas

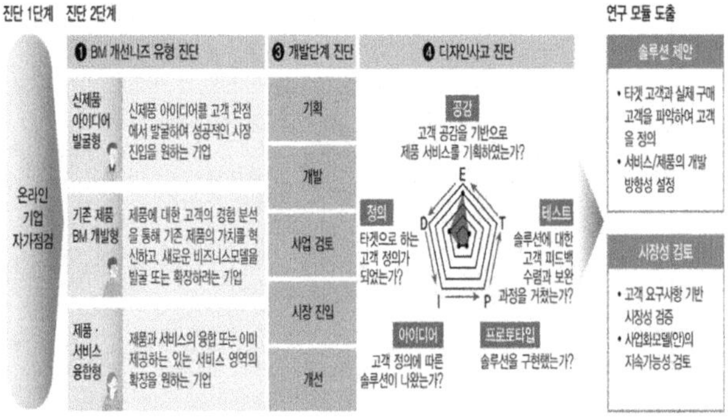

● Learn Canvas

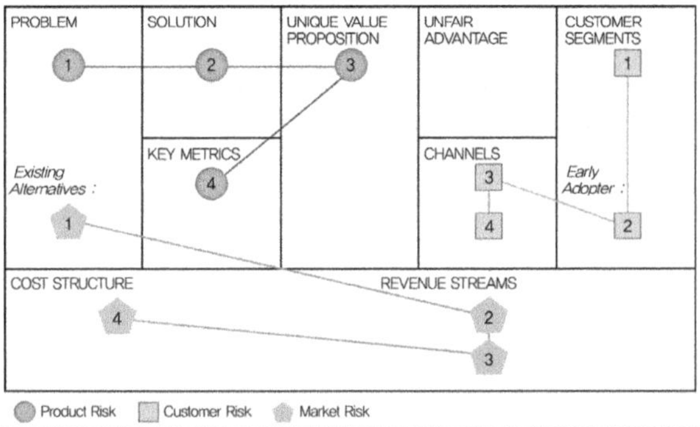

강사가이드 및 학습내용(핵심)

✔ **Lean 창업의 프로세스**

- Lean 창업의 개요와 활용
- 왜 Lean 창업에서 학습이 중요한가
- 시장과 Pivoting은 어떻게 알 수 있나
- 시제품과 MVP의 역할 차이

구분	학습주제	학습목표 및 내용	강의시간 방법
2주	메이킹과 Lean startup	• Lean startup 이해하기 • MVP의 개념과 Lean 학습방법 • Pivoting 과 시장fit 이해 • 기능과 시장 캡 이해 • MVP의 역할 차이	2주 (3H) 강의/토론 팀 구성

강의안 슬라이드	● *Stage 1: Understand the Problem* Conduct formal customer interviews or use other customer observational techniques to understand whether you have a problem worth solving. Who has the problem, what is the top problem, and how is it solved today? ● *Stage 2: Define the solution* Armed with knowledge from Stage 1, take a stab at defining the solution, build a demo that helps the customer visualize the solution, and then test it with customers. Will the solution work? Who is the early adopter? Does the pricing model work? ● *Stage 3: Validate qualitatively* Build your MVP and then soft-launch it to your early adopters. Do they realize the unique value proposition (UVP)? How will you find enough early adopters to support learning? Are you getting paid? ● *Stage 4: Verify quantitatively* Launch your refined product to a larger audience. Have you built something people want? How will you reach customers at scale? Do you have a viable business?

강사가이드 및
학습내용(핵심)
	✔ **Lean 창업의 프로세스**
	
	   – Lean 창업의 개요와 활용
	   – 왜 Lean 창업에서 학습이 중요한가
	   – 시장과 Pivoting은 어떻게 알 수 있나
	   – 시제품과 MVP의 역할 차이

구분	학습주제	학습목표 및 내용	강의시간 방법
2주	메이킹과 Lean startup	• Lean startup 이해하기 • MVP의 개념과 Lean 학습방법 • Pivoting 과 시장fit 이해 • 기능과 시장 캡 이해 • MVP의 역할 차이	2주 (3H) 강의/토론 팀 구성

강의안 슬라이드	

● *Product risk: Getting the product right*
1. First make sure you have a problem worth solving.
2. Then define the smallest possible solution (MVP).
3. Build and validate your MVP at small scale (demonstrate UVP).
4. Then verify it at large scale.

● *Customer risk: Building a path to customers*
1. First identify who has the pain.
2. Then narrow this down to early adopters who really want your product now.
3. It's OK to start with outbound channels.
4. But gradually build/develop scalable inbound channels—the earlier the better.

● Market risk: Building a viable business
1. Identify competition through existing alternatives and pick a price for your solution
2. Test pricing first by measuring what customers say (verbal commitments).
3. Then test pricing by what customers do.
4. Optimize your cost structure to make the business model work.

● 문제발굴 인터뷰방법론

⊙ 문제발굴 인터뷰방법론

WELCOME 2min · Set the Stage	
COLLECT DEMOGRAPHICS 2min · Test Customer Segment	· THE SETUP · IDENTIFY EARLY ADOPTERS
TELL A STORY 2min · Set Problem Context	
PROBLEM RANKING 4min · Test Problem	· TEST PROBLEM
EXPLORE CUSTOMER'S WORLDVIEW 15min · Test Problem	
WRAPPING UP 2min · The Hook and Ask	· PERMISSION TO FOLLOW UP · REFERRALS
DOCUMENT RESULTS 5min	· DOCUMENT RESULTS

PROBLEM INTERVIEW

Date: _____

Contact Information

Name: _____

Email: _____

Demographics

Number of kids: _____   Ages: _____

Shares photos online: _____   Shares videos online: _____

How often? _____   With whom? _____

Problem 1: Sharing lots of photos and videos is time-consuming.

Priority ranking: _____   Pain level: _____

How problem is addressed today? _____

Problem 2: There is a lot of external demand for this content.

Priority ranking: _____   Pain level: _____

How problem is addressed today? _____

Problem 3: I don't have enough free time for photo/video sharing.

Priority ranking: _____   Pain level: _____

How problem is addressed today? _____

Notes: _____

강사가이드 및 학습내용(핵심)	

✔ **Lean 창업의 프로세스**

– Lean 창업의 개요와 활용
– 왜 Lean 창업에서 학습이 중요한가
– 시장과 Pivoting은 어떻게 알 수 있나
– 시제품과 MVP의 역할 차이

구분	학습주제	학습목표 및 내용	강의시간 방법
2주	메이킹과 Lean startup	• Lean startup 이해하기 • MVP의 개념과 Lean 학습방법 • Pivoting 과 시장fit 이해 • 기능과 시장 캡 이해 • MVP의 역할 차이	2주 (3H) 강의/토론 팀 구성

강의안 슬라이드	

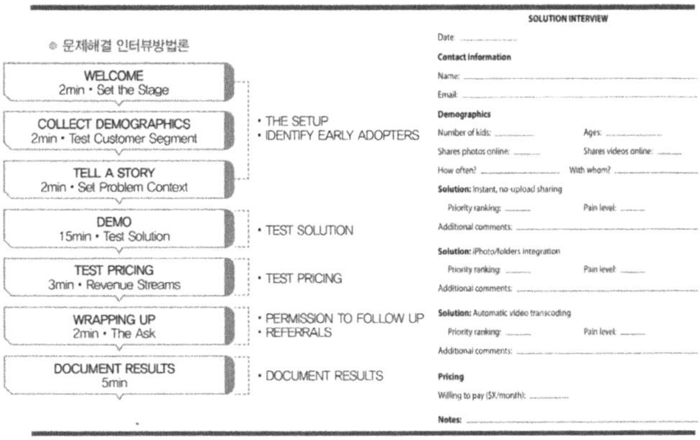

강사가이드 및 학습내용(핵심)

✔ **Lean 창업의 프로세스**

- Lean 창업의 개요와 활용
- 왜 Lean 창업에서 학습이 중요한가
- 시장과 Pivoting은 어떻게 알 수 있나
- 시제품과 MVP의 역할 차이

구분	학습주제	학습목표 및 내용	강의시간 방법
2주	메이킹과 Lean startup	• Lean startup 이해하기 • MVP의 개념과 Lean 학습방법 • Pivoting 과 시장fit 이해 • 기능과 시장 캡 이해 • MVP의 역할 차이	2주 (3H) 강의/토론 팀 구성

강의안 슬라이드	**MVP Process (Lean startup 한다는 것은 MVP를 통하여 빠르게 학습)** ⊚ MVP Interview WELCOME / 2min · Set the Stage → · THE SETUP SHOW LANDING PAGE / 2min · Test UVP SHOW PRICING PAGE / 3min · Test Pricing → · THE ACQUISITION FLOW SIGNUP & ACTIVATION / 15min · Test Solution → · TEST ACTIVATION FLOW WRAPPING UP / 2min · Keep Feedback Loop Open → · PERMISSION TO FOLLOW UP DOCUMENT RESULTS / 5min → · DOCUMENT RESULTS *(15 minutes)* This is the heart of the interview. Ask the interviewee to sign up and watch how he navigates your activation flow. • Are you still interested in trying out this service? • You can do so by clicking the "Sign up" link. • It would be immensely valuable to us if we could watch you go through the signup process. Would that be OK? **MVP Process (Lean startup 한다는 것은 MVP를 통하여 빠르게 학습)** ⊚ MVP Interview WELCOME / 2min · Set the Stage → · THE SETUP SHOW LANDING PAGE / 2min · Test UVP SHOW PRICING PAGE / 3min · Test Pricing → · THE ACQUISITION FLOW SIGNUP & ACTIVATION / 15min · Test Solution → · TEST ACTIVATION FLOW WRAPPING UP / 2min · Keep Feedback Loop Open → · PERMISSION TO FOLLOW UP DOCUMENT RESULTS / 5min → · DOCUMENT RESULTS MVP INTERVIEW Date: _____ Contact Information Name: _____ Email: _____ Usability Problem 1 _____ Usability Problem 2 _____ Usability Problem 3 _____ Pricing Willing to pay ($X/month): _____ Notes: Referrals: _____

강사가이드 및 학습내용(핵심)	✔ **Lean 창업의 프로세스** – Lean 창업의 개요와 활용 – 왜 Lean 창업에서 학습이 중요한가 – 시장과 Pivoting은 어떻게 알 수 있나 – 시제품과 MVP의 역할 차이

구분	학습주제	학습목표 및 내용	강의시간 방법
2주	메이킹과 Lean startup	• Lean startup 이해하기 • MVP의 개념과 Lean 학습방법 • Pivoting 과 시장fit 이해 • 기능과 시장 캡 이해 • MVP의 역할 차이	2주 (3H) 강의/토론 팀 구성

강의안 슬라이드	MVP Process (Lean startup 한다는 것은 MVP를 통하여 빠르게 학습) □ MVP 실행 (고객개발 방법론) – 대부분의 Startup는 고객이 없어 실패 – 제품뿐만 아니라 고객도 개발과 개선의 대상 –고객의 피드백을 기반으로 제품을 발전시키는 전략 –현장으로 나가가, Fact는 사무실 밖에 있다 –초기 고객확보를 위해 제품의 최소 기능 집합을 찾는다
강사가이드 및 학습내용(핵심)	✔ **Lean 창업의 프로세스** – Lean 창업의 개요와 활용 – 왜 Lean 창업에서 학습이 중요한가 – 시장과 Pivoting은 어떻게 알 수 있나 – 시제품과 MVP의 역할 차이

구분	학습주제	학습목표 및 내용	강의시간 방법
2주	메이킹과 Lean startup	• Lean startup 이해하기 • MVP의 개념과 Lean 학습방법 • Pivoting 과 시장fit 이해 • 기능과 시장 캡 이해 • MVP의 역할 차이	2주 (3H) 강의/토론 팀 구성

강의안 슬라이드	 MVP Process (Lean startup 한다는 것은 MVP를 통하여 빠르게 학습) □ MVP와 PIVOT 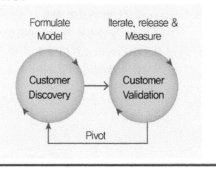

강사가이드 및 학습내용(핵심)	✔ **Lean 창업의 프로세스** – Lean 창업의 개요와 활용 – 왜 Lean 창업에서 학습이 중요한가 – 시장과 Pivoting은 어떻게 알 수 있나 – 시제품과 MVP의 역할 차이

구분	학습주제	학습목표 및 내용	강의시간 방법
2주	메이킹과 Lean startup	• Lean startup 이해하기 • MVP의 개념과 Lean 학습방법 • Pivoting 과 시장fit 이해 • 기능과 시장 캡 이해 • MVP의 역할 차이	2주 (3H) 강의/토론 팀 구성

강의안 슬라이드	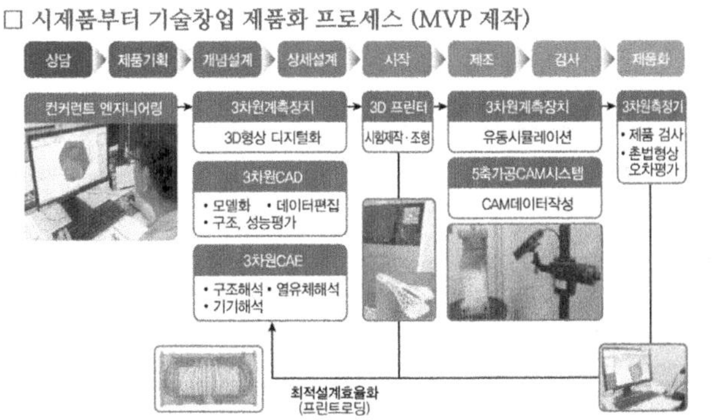 □ 시제품부터 기술창업 제품화 프로세스 (MVP 제작)
강사가이드 및 학습내용(핵심)	✔ **Lean 창업의 프로세스** 　– Lean 창업의 개요와 활용 　– 왜 Lean 창업에서 학습이 중요한가 　– 시장과 Pivoting은 어떻게 알 수 있나 　– 시제품과 MVP의 역할 차이

구분	학습주제	학습목표 및 내용	강의시간 방법
2주	메이킹과 Lean startup	• Lean startup 이해하기 • MVP의 개념과 Lean 학습방법 • Pivoting 과 시장fit 이해 • 기능과 시장 캡 이해 • MVP의 역할 차이	2주 (3H) 강의/토론 팀 구성

강의안 슬라이드	Feature Workflow "STUFF" Right action, right time? — NO → IGNORE IT YES Is it a small feature/bug? YES / NO Is it an emergency? → Defer it → KANBAN BOARD YES / NO FIX IT / Defer it TASK BOARD ● 고생 많았습니다.
강사가이드 및 학습내용(핵심)	✔ **Lean 창업의 프로세스** – Lean 창업의 개요와 활용 – 왜 Lean 창업에서 학습이 중요한가 – 시장과 Pivoting은 어떻게 알 수 있나 – 시제품과 MVP의 역할 차이

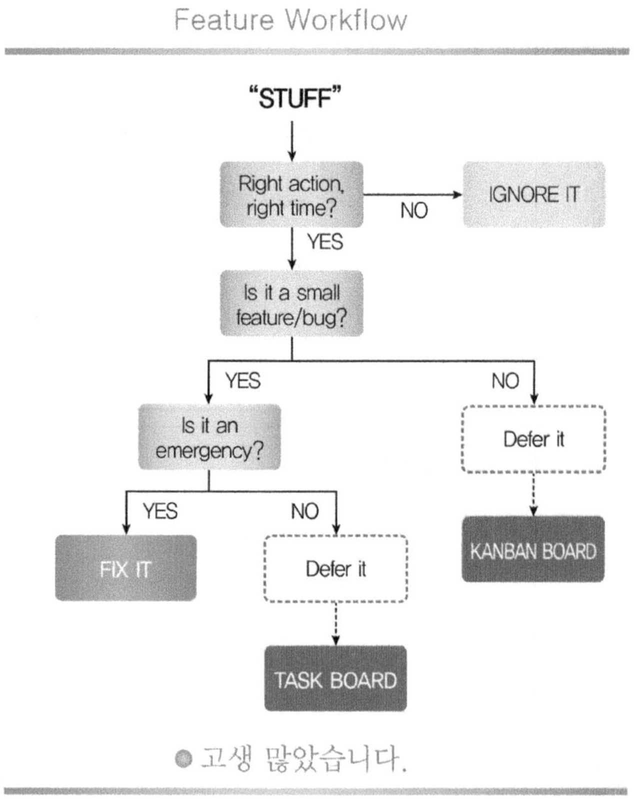

3주 / 4차산업혁명(요소기술과 기술창업)

구분	학습주제	학습목표 및 내용	강의시간 방법
3주	4차산업혁명요소 기술과 기술창업	• 4차산업혁명 요소기술과 스마트화에 대한 이해 • 다양한 시장형태와 제조와 서비스융합의 중요성에 이해 • 스마트형 창업과 비즈니스의 특징 • 다품종 소량생산과 데이터를 활용한 시장제품 개발방법에 이해 • 지식정보의 전유성확보 방안 (지식재산기초 이해)	3주 (3H) 강의/토론 팀 구성

강의안 슬라이드	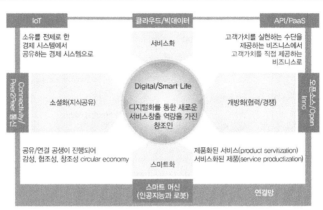

✓ 4차산업혁명 요소기술과 스마트화

    – 4차 산업혁명요소기술이 만들어 내는 환경의 변화에 대한 이해

    – 시장환경변화 / 창업환경변화

    – 스마트비즈니스의 특징

강사가이드 및
학습내용(핵심)

구분	학습주제	학습목표 및 내용	강의시간 방법
3주	4차산업혁명요소 기술과 기술창업	• 4차산업혁명 요소기술과 스마트화에 대한 이해 • 다양한 시장형태와 제조와 서비스융합의 중요성에 이해 • 스마트형 창업과 비즈니스의 특징 • 다품종 소량생산과 데이터를 활용한 시장제품 개발 방법에 이해 • 지식정보의 전유성확보 방안 (지식재산기초 이해)	3주 (3H) 강의/토론 팀 구성

강의안 슬라이드	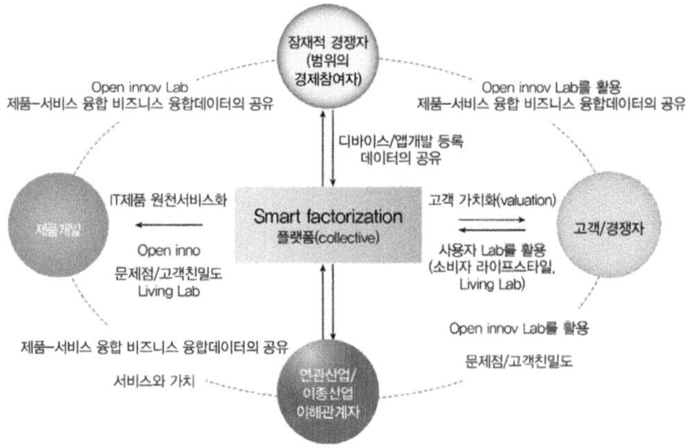
강사가이드 및 학습내용(핵심)	**✔ 4차산업혁명 요소기술과 스마트화** – 4차 산업혁명요소기술이 만들어 내는 환경의 변화에 대한 이해 – 시장환경변화 / 창업환경변화 – 스마트비즈니스의 특징 – 쉬워진 창업환경 이해

구분	학습주제	학습목표 및 내용	강의시간 방법
3주	4차산업혁명요소 기술과 기술창업	• 4차산업혁명 요소기술과 스마트화에 대한 이해 • 다양한 시장형태와 제조와 서비스융합의 중요성에 이해 • 스마트형 창업과 비즈니스의 특징 • 다품종 소량생산과 데이터를 활용한 시장제품 개발방법에 이해 • 지식정보의 전유성확보 방안 (지식재산기초 이해)	3주 (3H) 강의/토론 팀 구성

강의안 슬라이드	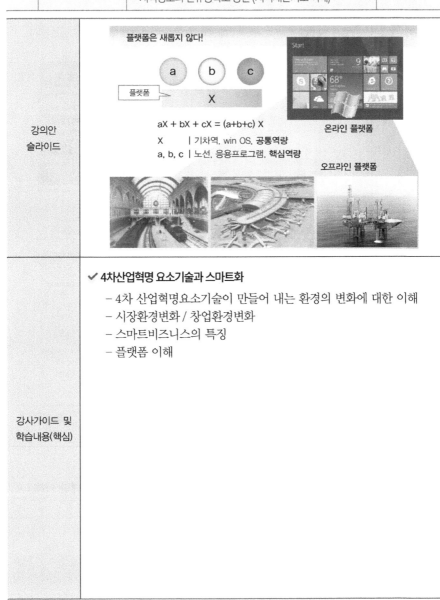

강사가이드 및
학습내용(핵심)

✔ **4차산업혁명 요소기술과 스마트화**

    – 4차 산업혁명요소기술이 만들어 내는 환경의 변화에 대한 이해

    – 시장환경변화 / 창업환경변화

    – 스마트비즈니스의 특징

    – 플랫폼 이해

구분	학습주제	학습목표 및 내용	강의시간 방법
3주	4차산업혁명요소 기술과 기술창업	• 4차산업혁명 요소기술과 스마트화에 대한 이해 • 다양한 시장형태와 제조와 서비스융합의 중요성에 이해 • 스마트형 창업과 비즈니스의 특징 • 다품종 소량생산과 데이터를 활용한 시장제품 개발 방법에 이해 • 지식정보의 전유성확보 방안 (지식재산기초 이해)	3주 (3H) 강의/토론 팀 구성

강의안 슬라이드	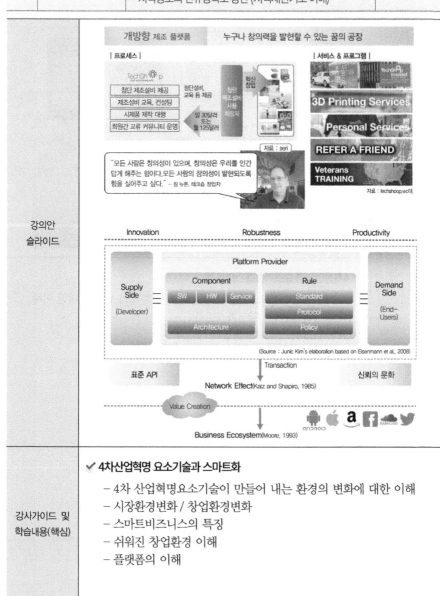
강사가이드 및 학습내용(핵심)	**✓ 4차산업혁명 요소기술과 스마트화** – 4차 산업혁명요소기술이 만들어 내는 환경의 변화에 대한 이해 – 시장환경변화 / 창업환경변화 – 스마트비즈니스의 특징 – 쉬워진 창업환경 이해 – 플랫폼의 이해

구분	학습주제	학습목표 및 내용	강의시간 방법
3주	4차산업혁명요소 기술과 기술창업	• 4차산업혁명 요소기술과 스마트화에 대한 이해 • 다양한 시장형태와 제조와 서비스융합의 중요성에 이해 • 스마트형 창업과 비즈니스의 특징 • 다품종 소량생산과 데이터를 활용한 시장제품 개발방법에 이해 • 지식정보의 전유성확보 방안 (지식재산기초 이해)	3주 (3H) 강의/토론 팀 구성

강의안 슬라이드	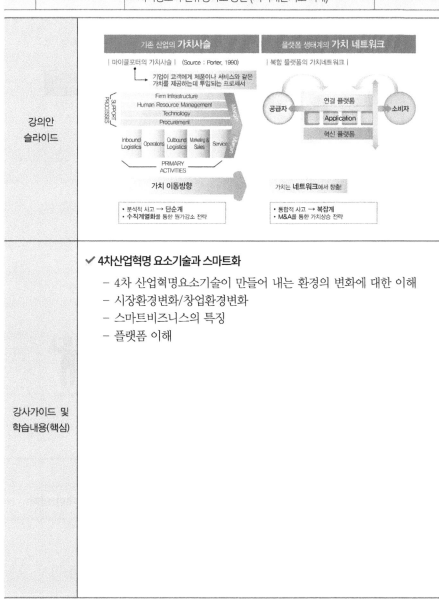
강사가이드 및 학습내용(핵심)	✔ **4차산업혁명 요소기술과 스마트화** – 4차 산업혁명요소기술이 만들어 내는 환경의 변화에 대한 이해 – 시장환경변화/창업환경변화 – 스마트비즈니스의 특징 – 플랫폼 이해

구분	학습주제	학습목표 및 내용	강의시간 방법
3주	4차산업혁명요소 기술과 기술창업	• 4차산업혁명 요소기술과 스마트화에 대한 이해 • 다양한 시장형태와 제조와 서비스융합의 중요성에 이해 • 스마트형 창업과 비즈니스의 특징 • 다품종 소량생산과 데이터를 활용한 시장제품 개발 방법에 이해 • 지식정보의 전유성확보 방안 (지식재산기초 이해)	3주 (3H) 강의/토론 팀 구성

강의안 슬라이드	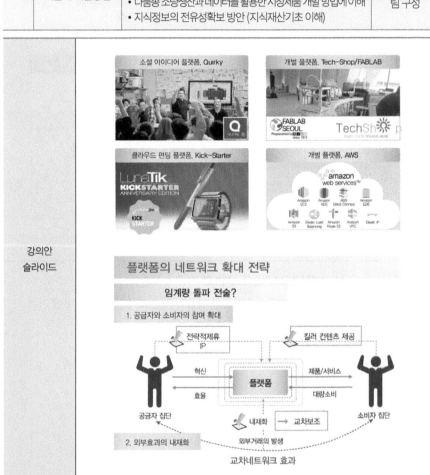

강사가이드 및
학습내용(핵심)
	✔ **4차산업혁명 요소기술과 스마트화**
	   − 4차 산업혁명요소기술이 만들어 내는 환경의 변화에 대한 이해
	   − 시장환경변화 / 창업환경변화
	   − 스마트비즈니스의 특징
	   − 쉬워진 창업환경 이해
	   − 플랫폼의 이해

구분	학습주제	학습목표 및 내용	강의시간 방법
3주	4차산업혁명요소 기술과 기술창업	• 4차산업혁명 요소기술과 스마트화에 대한 이해 • 다양한 시장형태와 제조와 서비스융합의 중요성에 이해 • 스마트형 창업과 비즈니스의 특징 • 다품종 소량생산과 데이터를 활용한 시장제품 개발 방법에 이해 • 지식정보의 전유성확보 방안 (지식재산기초 이해)	3주 (3H) 강의/토론 팀 구성
강의안 슬라이드		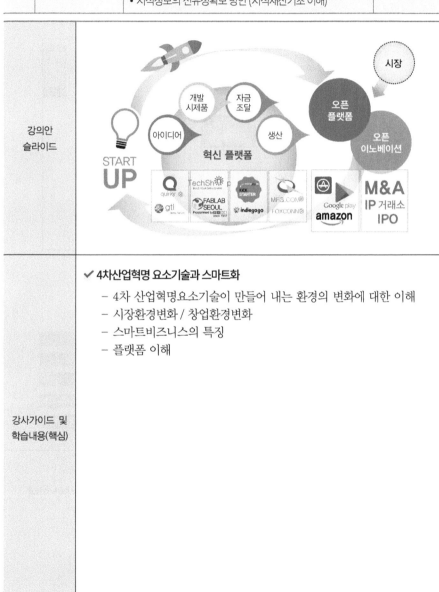	

✓ **4차산업혁명 요소기술과 스마트화**

    – 4차 산업혁명요소기술이 만들어 내는 환경의 변화에 대한 이해
    – 시장환경변화 / 창업환경변화
    – 스마트비즈니스의 특징
    – 플랫폼 이해

강사가이드 및
학습내용(핵심)

구분	학습주제	학습목표 및 내용	강의시간	방법
3주	4차산업혁명요소 기술과 기술창업	• 4차산업혁명 요소기술과 스마트화에 대한 이해 • 다양한 시장형태와 제조와 서비스융합의 중요성에 이해 • 스마트형 창업과 비즈니스의 특징 • 다품종 소량생산과 데이터를 활용한 시장제품 개발방법에 이해 • 지식정보의 전유성확보 방안 (지식재산기초 이해)	3주 (3H) 강의/토론 팀 구성	

강의안 슬라이드	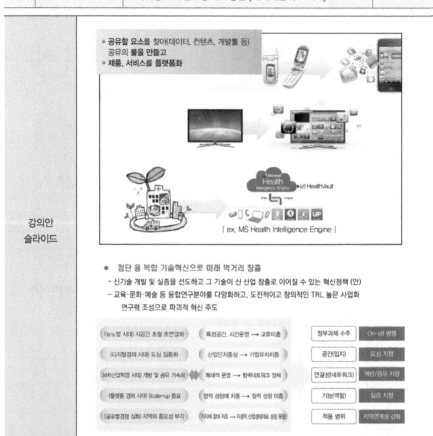

강사가이드 및
학습내용(핵심)
	✓ **4차산업혁명 요소기술과 스마트화**
	   – 4차 산업혁명요소기술이 만들어 내는 환경의 변화에 대한 이해
	   – 시장환경변화 / 창업환경변화
	   – 스마트비즈니스의 특징
	   – 쉬워진 창업환경 이해
	   – 플랫폼의 이해

구분	학습주제	학습목표 및 내용	강의시간 방법
3주	4차산업혁명요소 기술과 기술창업	• 4차산업혁명 요소기술과 스마트화에 대한 이해 • 다양한 시장형태와 제조와 서비스융합의 중요성에 이해 • 스마트형 창업과 비즈니스의 특징 • 다품종 소량생산과 데이터를 활용한 시장제품 개발방법에 이해 • 지식정보의 전유성확보 방안 (지식재산기초 이해)	3주 (3H) 강의/토론 팀 구성

강의안 슬라이드	### 스타트업은 지식재산권을 어떻게 바라봐야 하는가? 스타트업의 지식재산권 인식 태도 • 특허만 있으면 사업이 성공한다? • 지식재산권은 사업성공 수단? 사업보호 수단? • 충분한 이익 확보 (작은 성공을 큰 성공으로) • 기업가치 제고 (기업의 미래가치 증대) 지식재산권의 자산적 가치 • 제조업으로부터 4R 산업으로 전환 • S&P 500 지수 포함 기업 중 기업가치 80% 이상이 무형자산 (ex: 수아랩) • 한국 국제회계기준(IFRS) 도입 • 특허(기술) 담보대출 • 기술신용평가(TCB) 금융 조달 조건 • KRX 기술특례상장 (기술신용정밀평가)
강사가이드 및 학습내용(핵심)	✓ **4차산업혁명 요소기술과 스마트화** – 4차 산업혁명요소기술이 만들어 내는 환경의 변화에 대한 이해 – 시장환경변화 / 창업환경변화 – 스마트비즈니스의 특징 – 플랫폼 이해

구분	학습주제	학습목표 및 내용	강의시간 방법
3주	4차산업혁명요소 기술과 기술창업	• 4차산업혁명 요소기술과 스마트화에 대한 이해 • 다양한 시장형태와 제조와 서비스융합의 중요성에 이해 • 스마트형 창업과 비즈니스의 특징 • 다품종 소량생산과 데이터를 활용한 시장제품 개발 방법에 이해 • 지식정보의 전유성확보 방안 (지식재산기초 이해)	3주 (3H) 강의/토론 팀 구성

강의안 슬라이드	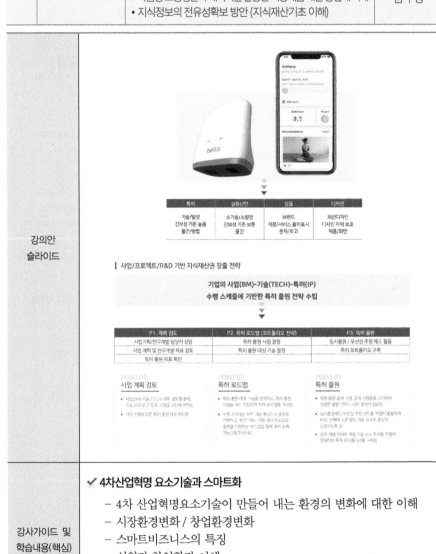

✓ 4차산업혁명 요소기술과 스마트화

강사가이드 및
학습내용(핵심)

- 4차 산업혁명요소기술이 만들어 내는 환경의 변화에 대한 이해
- 시장환경변화 / 창업환경변화
- 스마트비즈니스의 특징
- 쉬워진 창업환경 이해
- 플랫폼의 이해

구분	학습주제	학습목표 및 내용	강의시간 방법
3주	4차산업혁명요소 기술과 기술창업	• 4차산업혁명 요소기술과 스마트화에 대한 이해 • 다양한 시장형태와 제조와 서비스융합의 중요성에 이해 • 스마트형 창업과 비즈니스의 특징 • 다품종 소량생산과 데이터를 활용한 시장제품 개발방법에 이해 • 지식정보의 전유성확보 방안 (지식재산기초 이해)	3주 (3H) 강의/토론 팀 구성

강의안 슬라이드	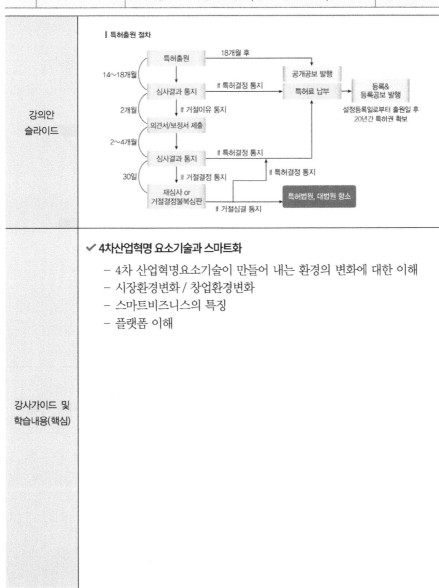

강사가이드 및
학습내용(핵심)

✔ **4차산업혁명 요소기술과 스마트화**

– 4차 산업혁명요소기술이 만들어 내는 환경의 변화에 대한 이해
– 시장환경변화 / 창업환경변화
– 스마트비즈니스의 특징
– 플랫폼 이해

구분	학습주제	학습목표 및 내용	강의시간 방법
3주	4차산업혁명요소 기술과 기술창업	• 4차산업혁명 요소기술과 스마트화에 대한 이해 • 다양한 시장형태와 제조와 서비스융합의 중요성에 이해 • 스마트형 창업과 비즈니스의 특징 • 다품종 소량생산과 데이터를 활용한 시장제품 개발 방법에 이해 • 지식정보의 전유성확보 방안 (지식재산기초 이해)	3주 (3H) 강의/토론 팀 구성

강의안 슬라이드

▌ 국내출원 및 중간사건 업무처리 프로세스

안정적이고 체계적인 국내출원, 중간사건, 등록관련 업무처리를 위한 절차 필요

구분	발명검토	명세서 작성	출원서 제출	중간사건	등록
주요업무	발명상담 선행기술조사 발명기술평가	명세서초안 발명자검토 명세서최종안	특허청 출원 출원완료보고	OA 발행보고 OA 대응방안 의견서/보정서 OA완료보고	등록결정보고 등록료납부 등록완료보고 등록증송부

P1. 발명 신고서 작성	P3. 선행 기술조사	P2. 발명 상담
발명 구체화	적중률 높은 검색식 선정 필요	기술 자료 사전 스터디
필요시 발명 보완 요청	인용/피인용, 패밀리 고려	발명 상담 진행

POINT 03
발명 신고서 작성

POINT 02
선행기술 조사

POINT 03
발명 상담

강사가이드 및 학습내용(핵심)

✔ 4차산업혁명 요소기술과 스마트화
- 4차 산업혁명요소기술이 만들어 내는 환경의 변화에 대한 이해
- 시장환경변화 / 창업환경변화
- 스마트비즈니스의 특징
- 쉬워진 창업환경 이해
- 플랫폼의 이해

구분	학습주제	학습목표 및 내용	강의시간 방법
3주	4차산업혁명요소 기술과 기술창업	• 4차산업혁명 요소기술과 스마트화에 대한 이해 • 다양한 시장형태와 제조와 서비스융합의 중요성에 이해 • 스마트형 창업과 비즈니스의 특징 • 다품종 소량생산과 데이터를 활용한 시장제품 개발 방법에 이해 • 지식정보의 전유성확보 방안 (지식재산기초 이해)	3주 (3H) 강의/토론 팀 구성

강의안
슬라이드
	❙ 선행기술 일반
	
	❖ <u>선행기술의 의미</u>
	    ▪ 발명의 특허성을 심사하기 위해 참조되는 문헌으로서, 선행기술과 유사한 발명(선행기술로부터 용이하게 도출될 수 있는 발명)은 특허될 수 없음
	    ▪ 따라서, 선행기술은 발명을 특허출원하기 전 반드시 조사해야 할 문헌임
	
	❖ <u>선행기술의 대상</u>
	    ▪ 발명이 특허출원되기 전 공개된 모든 문헌이나 자료
	        ex) 특허문헌, 논문, 책, 카탈로그, 블로그/SNS 등 인터넷 상에 개재된 자료
	    ▪ 지역/언어에 제한이 없음
	        ex) 미국의 블로그에 개재된 자료가 선행기술이 될 수 있음
	
	    ➤ *발명과 유사한 선행기술 검색된 경우, 개량 또는 회피설계*

강사가이드 및
학습내용(핵심)
	✓ 4차산업혁명 요소기술과 스마트화
	    – 4차 산업혁명요소기술이 만들어 내는 환경의 변화에 대한 이해
	    – 시장환경변화 / 창업환경변화
	    – 스마트비즈니스의 특징
	    – 플랫폼 이해
	    – 지식재산 확보전략

구분	학습주제	학습목표 및 내용	강의시간 방법
3주	4차산업혁명요소 기술과 기술창업	• 4차산업혁명 요소기술과 스마트화에 대한 이해 • 다양한 시장형태와 제조와 서비스융합의 중요성에 이해 • 스마트형 창업과 비즈니스의 특징 • 다품종 소량생산과 데이터를 활용한 시장제품 개발 방법에 이해 • 지식정보의 전유성확보 방안 (지식재산기초 이해)	3주 (3H) 강의/토론 팀 구성

강의안 슬라이드

│ 선행특허문헌 검색방법 (기초)

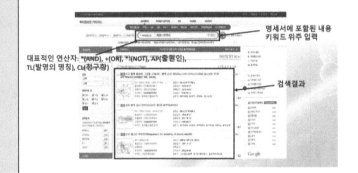

명세서에 포함된 내용 키워드 위주 입력

대표적인 연산자: *(AND), +(OR), *!(NOT), AP(출원인), TL(발명의 명칭), CL(청구항)

검색결과

│ 명세서 작성 방법

구분	항목	설명
1. 기술문헌 발명의 특허성을 주장, 입증하기 위한 서류이자, 특허권 부여의 대가로 산업발전에 이바지하기 위한 기술공개자료 제공 목적	【발명의 명칭】	가장 쉽고 빠르게 발명의 정체를 파악할 수 있도록 간단 명료하게 작성하되 한두단어로 광범위하게 작성하는 것은 지양 ex)승강장 스크린 도어 시스템
	【기술분야】	본 발명이 속하는 기술분야를 간략하게 명시, 일반적으로 명칭 자체가 기술분야에 해당됨) 본 발명은 ~에 관한 것이다
	【발명의 배경이 되는 기술】	발명이 속한 기술분야의 종래 기술들을 설명 ex) 종래에는 ~ 유사한 기술들이 있었으나, 종래의 기술들은 ~의 문제점을 지니고 있어 ~개선이 필요하였다
	【해결하려는 과제】	종래의 문제점들을 어떤 방향으로 개선하고 하는지 목적을 명시 ex) 본 발명은 스크린도어와 전동차 사이 사각지대를 해소할 수 있는 스크린 도어 시스템을 제공하는 것을 목적으로 한다
	【과제의 해결 수단】	청구범위의 주요구성을 위주로 작성
	【발명의 효과】	본 발명이 어떠한 유리한 효과를 갖는지 기재 ex) 본 발명은 요리 과정을 전체 자동화하고 식재료의 양면을 가열할 수 있는 효과가 있다.
	【도면의 간단한 설명】	도면이 무엇을 나타내는지 간단히 기재 ex) 도 1은 승강장 스크린 도어 시스템의 블록도이다, 도 2는 커피 추출 장치의 사시도이다
	【발명을 실시하기 위한 구체적인 내용】,【도면】	청구항에 기재된 구성과 용어, 이들의 관계, 구체적인 실시예, 변형예들을 풍부하고 상세하게 기재, 발명의 이해를 위해 논리적이고 분명하게 작성 ex) 도 1을 참조하면, ~장치는 ~구성을 포함한다. ~구성은 ~할 수 있다
2. 권리서 등록후 독점권을 행사할 기술의 권리범위	【청구범위】	필수적인 구성만, 포괄적 의미 용어 선정, 명확하고 간결하게, 구성요소들 간 유기적인 결합관계를 명시, 도면과 발명을 실시하기 위한 구체적인 내용에 의해 뒷받침되어야 할 ex) ~에 있어서(전제부), ~한 ~구성을(본문 기술적 특징), 포함하는(개방형 연결어구) 장치/방법(발명카테고리)

강사가이드 및 학습내용(핵심)

✓ 4차산업혁명 요소기술과 스마트화

- 4차 산업혁명요소기술이 만들어 내는 환경의 변화에 대한 이해
- 시장환경변화 / 창업환경변화
- 스마트비즈니스의 특징
- 쉬워진 창업환경 이해
- 플랫폼의 이해

구분	학습주제	학습목표 및 내용	강의시간 방법
3주	4차산업혁명요소 기술과 기술창업	• 4차산업혁명 요소기술과 스마트화에 대한 이해 • 다양한 시장형태와 제조와 서비스융합의 중요성에 이해 • 스마트형 창업과 비즈니스의 특징 • 다품종 소량생산과 데이터를 활용한 시장제품 개발방법에 이해 • 지식정보의 전유성확보 방안 (지식재산기초 이해)	3주 (3H) 강의/토론 팀 구성

강의안 슬라이드	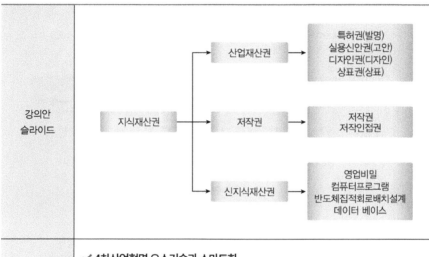

강사가이드 및
학습내용(핵심)

✔ **4차산업혁명 요소기술과 스마트화**

    – 4차 산업혁명요소기술이 만들어 내는 환경의 변화에 대한 이해
    – 시장환경변화 / 창업환경변화
    – 스마트비즈니스의 특징
    – 플랫폼 이해

구분	학습주제	학습목표 및 내용	강의시간 방법
3주	4차산업혁명요소 기술과 기술창업	• 4차산업혁명 요소기술과 스마트화에 대한 이해 • 다양한 시장형태와 제조와 서비스융합의 중요성에 이해 • 스마트형 창업과 비즈니스의 특징 • 다품종 소량생산과 데이터를 활용한 시장제품 개발 방법에 이해 • 지식정보의 전유성확보 방안 (지식재산기초 이해)	3주 (3H) 강의/토론 팀 구성

강의안 슬라이드	

■ 산업재산권은 특허권, 실용신안권, 디자인권, 상표권을 말하며, 산업경제와 관계가 깊은 지식재산권을 의미

구분	특허권	실용신안권
보호대상	발명(기술적 사상의 창작으로 <u>고도한 것</u>)	고안(기술적 사상의 창작이나 고도할 필요는 없음) 물품의 형상, 구조, 조합만이 보호대상임
진보성 판단기준	종래기술로부터 당업자가 용이하게 발명할 수 없을 정도	종래기술로부터 당업자가 <u>극히</u> 용이하게 고안할 수 없을 정도
존속기간	출원일로부터 <u>20년</u>	출원일로부터 <u>10년</u>

특허권과 실용신안권의 주요 차이점

■ 인간의 지적능력을 발휘하여 달성한 미술, 음악 등의 예술분야와 시, 소설 등의 문학분야의 창작물에 대하여 창작자의 사후 70년까지 그 창작물에 대한 독점권이 인정되는 권리
■ 저작자의 권리는 저작권 등록과 무관하게 저작물을 창작한 시점에 발생

강사가이드 및 학습내용(핵심)	

✔ **4차산업혁명 요소기술과 스마트화**

　- 4차 산업혁명요소기술이 만들어 내는 환경의 변화에 대한 이해
　- 시장환경변화 / 창업환경변화
　- 스마트비즈니스의 특징
　- 쉬워진 창업환경 이해
　- 플랫폼의 이해

구분	학습주제	학습목표 및 내용	강의시간 방법
3주	4차산업혁명요소 기술과 기술창업	• 4차산업혁명 요소기술과 스마트화에 대한 이해 • 다양한 시장형태와 제조와 서비스융합의 중요성에 이해 • 스마트형 창업과 비즈니스의 특징 • 다품종 소량생산과 데이터를 활용한 시장제품 개발 방법에 이해 • 지식정보의 전유성확보 방안 (지식재산기초 이해)	3주 (3H) 강의/토론 팀 구성

강의안 슬라이드

❙ 창업자에게 필수적인 지식재산권

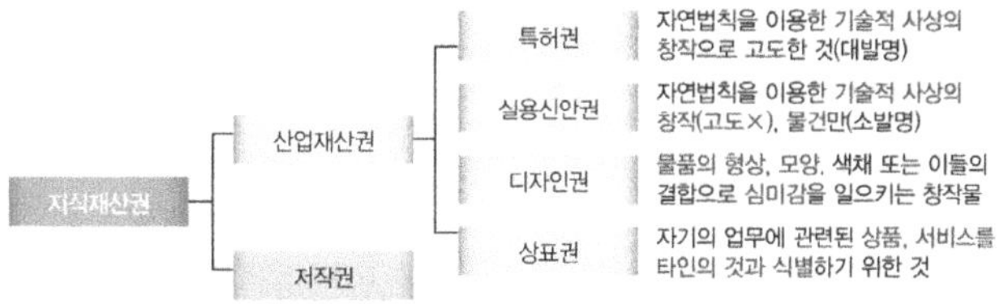

소설, 음악, 미술 등과 같은 인간의 사상 또는 감정을 표현한 창작물(저작물)에 대하여
그 창작자(저작자)가 갖는 권리로서 창작과 동시에 발생하며 등록을 요하지 않음.
다만 공표 및 입증 수단을 위해 등록을 진행함

❙ 상표권 개요

구분	상표권
상표의 기능	자타상품 식별, 출처표시, 품질보증, 광고선전, 재산적 기능
등록요건	자타상품 식별력이 있을 것, 부등록 사유에 해당하지 않을 것
보호기간	설정등록일로부터 10년 (10년씩 갱신 가능)
특징	상표는 지정 상품별로 판단, 모방이 매우 용이하므로, 창업자는 자신의 제품 및 서비스를 사업화하기 전 미리 출원하는 것이 바람직함

강사가이드 및 학습내용(핵심)

✔ 4차산업혁명 요소기술과 스마트화

- 4차 산업혁명요소기술이 만들어 내는 환경의 변화에 대한 이해
- 시장환경변화 / 창업환경변화
- 스마트비즈니스의 특징
- 플랫폼 이해

구분	학습주제	학습목표 및 내용	강의시간 방법
3주	4차산업혁명요소 기술과 기술창업	• 4차산업혁명 요소기술과 스마트화에 대한 이해 • 다양한 시장형태와 제조와 서비스융합의 중요성에 이해 • 스마트형 창업과 비즈니스의 특징 • 다품종 소량생산과 데이터를 활용한 시장제품 개발 방법에 이해 • 지식정보의 전유성확보 방안 (지식재산기초 이해)	3주 (3H) 강의/토론 팀 구성

| 강의안
슬라이드 | **상표권의 대상**
• 상표는 (상표의 명칭 + 지정상품)의 조합에 의해 결정됨
• 상품/서비스의 브랜드나 기업을 나타내기 위한 문자/형상
• 상표의 대상이 되는 형상은 그림, 캐릭터, 도형, 입체적 형상
• 상표권 존속기간: [등록일~등록일로부터 10년 되는 날] 단, 갱신등록 제도 존재 (오래된 상표의 신용축적)
 |

<table>
<tr><th>상표</th><th>상품 분류</th><th>출원번호</th><th>등록번호</th></tr>
<tr><td>TERRA</td><td>32류
(맥주, 라거 등)</td><td>40-2019-0151133
(2019.10.02)</td><td>40-1581901
(2020.03.03)</td></tr>
<tr><td>TERRA
FRESH HIT</td><td>32류
(맥주, 라거 등)</td><td>40-2019-0151134
(2019.10.02)</td><td>40-1581902
(2020.03.03)</td></tr>
<tr><td>TERRA FROM AGT</td><td>32류
(맥주, 라거, 음료수 등)
33류
(발효술성음료(맥주 제외) 등)
35류
(맥주/생거 등 도매업 등)
43류
(주류업 등)</td><td>40-2019-0022412
(2019.02.13)</td><td>40-1520227
(2019.09.10)</td></tr>
</table>

| 강사가이드 및
학습내용(핵심) | **✔ 4차산업혁명 요소기술과 스마트화**
　– 4차 산업혁명요소기술이 만들어 내는 환경의 변화에 대한 이해
　– 시장환경변화 / 창업환경변화
　– 스마트비즈니스의 특징
　– 쉬워진 창업환경 이해
　– 플랫폼의 이해 |

구분	학습주제	학습목표 및 내용	강의시간 방법
3주	4차산업혁명요소 기술과 기술창업	• 4차산업혁명 요소기술과 스마트화에 대한 이해 • 다양한 시장형태와 제조와 서비스융합의 중요성에 이해 • 스마트형 창업과 비즈니스의 특징 • 다품종 소량생산과 데이터를 활용한 시장제품 개발 방법에 이해 • 지식정보의 전유성확보 방안 (지식재산기초 이해)	3주 (3H) 강의/토론 팀 구성
강의안 슬라이드			

강의안 슬라이드:

| 상표권 선점 시도 사례 – 가수 영탁 사례

〈사건 TIME LINE〉

| 2020.01.28 | | 2020.07.22 | | 2020.08.19 |

가수 영탁
'막걸리 한잔'
노래 유명세

예천양조에서
'영탁'을 상표출원
33류(막걸리),
35류(막걸리 판매업),
40류(막걸리 양조업)

가수 영탁과
전속계약체결

'영탁막걸리'
판매시작

〈특허청거절〉
'영탁' 상표출원에
대해, 가수 영탁의
동의서가 없는 한
등록불허통지

가수 영탁과
예천양조 간
협상결렬

가수 영탁의
'영탁' 상표출원
03류(화장품),
18류(가방),
25류(의류),
30류(음료),
33류(막걸리),
35류(막걸리 판매업)

| 상표 등록의 효과

❖ 상표권자는 지정상품에 관하여 그 등록 상표를 사용할 권리를 독점

▪ 상표의 독점적 실시 (지정상품 한정)

▪ 침해자에 대한 공격 (침해금지청구권/손해배상청구권)

▪ 타인에게 실시 권리를 부여하는 계약을 통해 이익 창출 (상표권의 지정 상품에 관한 이전, 전용권, 통상권 부여 계약)

▪ 단, 유사 지정상품의 경우 출처오인혼동 방지를 위해 함께 이전

강사가이드 및 학습내용(핵심):

✔ **4차산업혁명 요소기술과 스마트화**

– 4차 산업혁명요소기술이 만들어 내는 환경의 변화에 대한 이해
– 시장환경변화 / 창업환경변화
– 스마트비즈니스의 특징
– 플랫폼 이해

구분	학습주제	학습목표 및 내용	강의시간 방법
3주	4차산업혁명요소 기술과 기술창업	• 4차산업혁명 요소기술과 스마트화에 대한 이해 • 다양한 시장형태와 제조와 서비스융합의 중요성에 이해 • 스마트형 창업과 비즈니스의 특징 • 다품종 소량생산과 데이터를 활용한 시장제품 개발 방법에 이해 • 지식정보의 전유성확보 방안 (지식재산기초 이해)	3주 (3H) 강의/토론 팀 구성

강의안 슬라이드	**▌상표등록전략 – 식별력(특이성)** 무엇이 식별력이 없는 상표일까?  
강사가이드 및 학습내용(핵심)	**✔ 4차산업혁명 요소기술과 스마트화** – 4차 산업혁명요소기술이 만들어 내는 환경의 변화에 대한 이해 – 시장환경변화 / 창업환경변화 – 스마트비즈니스의 특징 – 쉬워진 창업환경 이해 – 플랫폼의 이해

구분	학습주제	학습목표 및 내용	강의시간 방법
3주	4차산업혁명요소 기술과 기술창업	• 4차산업혁명 요소기술과 스마트화에 대한 이해 • 다양한 시장형태와 제조와 서비스융합의 중요성에 이해 • 스마트형 창업과 비즈니스의 특징 • 다품종 소량생산과 데이터를 활용한 시장제품 개발방법에 이해 • 지식정보의 전유성확보 방안 (지식재산기초 이해)	3주 (3H) 강의/토론 팀 구성

강의안 슬라이드	**| 디자인권 개요** | 구분	디자인권 | |---|---| | 보호대상 | 물품의 디자인 / 글자체 / 화상 (화상: 디지털 기술 또는 전자적 방식으로 표현되는 도형, 기호 등) | | 등록요건 | 공업상 이용가능성, 신규성, 창작 비용이성 | | 보호기간 | 출원일로부터 20년 | | 특징 | 디자인권자를 두텁게 보호하기 위해 유사범위까지 효력 범위 확장 일부심사등록제도(신속한 권리화 가능) |

| 디자인권 개요

구분	디자인권
보호대상	물품의 디자인 / 글자체 / 화상 (화상: 디지털 기술 또는 전자적 방식으로 표현되는 도형, 기호 등)
등록요건	공업상 이용가능성, 신규성, 창작 비용이성
보호기간	출원일로부터 20년
특징	디자인권자를 두텁게 보호하기 위해 유사범위까지 효력 범위 확장 일부심사등록제도(신속한 권리화 가능)

강사가이드 및
학습내용(핵심)
	✓ **4차산업혁명 요소기술과 스마트화**
	
	  – 4차 산업혁명요소기술이 만들어 내는 환경의 변화에 대한 이해
	  – 시장환경변화 / 창업환경변화
	  – 스마트비즈니스의 특징
	  – 플랫폼 이해

구분	학습주제	학습목표 및 내용	강의시간 방법
3주	4차산업혁명요소 기술과 기술창업	• 4차산업혁명 요소기술과 스마트화에 대한 이해 • 다양한 시장형태와 제조와 서비스융합의 중요성에 이해 • 스마트형 창업과 비즈니스의 특징 • 다품종 소량생산과 데이터를 활용한 시장제품 개발 방법에 이해 • 지식정보의 전유성확보 방안 (지식재산기초 이해)	3주 (3H) 강의/토론 팀 구성

<table>
<tr><td rowspan="9">강의안
슬라이드</td><td colspan="3">❙ 디자인 성립요건</td></tr>
</table>

❙ 디자인 성립요건

물품성	물품이란 독립거래가 가능한 구체적인 물품으로서 유체동산을 원칙으로 한다.
형태성	"형상, 모양, 색채 " 란 물품의 외관에 관한 디자인의 형태성의 요소를 말하는 것으로서 물품은 유체동산이므로 글자체를 제외하고 형상이 결합되니 않은 모양 또는 색채만의 디자인 및 모양과 색채의 결합 디자인은 인정되지 않는다.
시각성	시각성은 육안으로 식별할 수 있는 것을 원칙으로 한다.
심미성	심미성이란 해당 물품으로부터 미(美)를 느낄 수 있도록 처리되어 있는 것을 말한다.

❙ 디자인 출원 준비 - 도면 예시

❂ 디자인의 창작내용과 전체적인 형태를 명확하고 충분하게 표현할 수 있도록 **한 개 이상의 도면**을 표시.

❂ 주의할 점은 반드시 물품의 **전체적인 형상을 파악할 수 있도록** 표현(ex. 육면도)

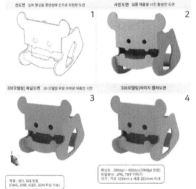

강사가이드 및 학습내용(핵심)

✔ 4차산업혁명 요소기술과 스마트화

- 4차 산업혁명요소기술이 만들어 내는 환경의 변화에 대한 이해
- 시장환경변화 / 창업환경변화
- 스마트비즈니스의 특징
- 쉬워진 창업환경 이해
- 플랫폼의 이해

구분	학습주제	학습목표 및 내용	강의시간 방법
3주	4차산업혁명요소 기술과 기술창업	• 4차산업혁명 요소기술과 스마트화에 대한 이해 • 다양한 시장형태와 제조와 서비스융합의 중요성에 이해 • 스마트형 창업과 비즈니스의 특징 • 다품종 소량생산과 데이터를 활용한 시장제품 개발 방법에 이해 • 지식정보의 전유성확보 방안 (지식재산기초 이해)	3주 (3H) 강의/토론 팀 구성

강의안 슬라이드	

┃ 디자인 출원 준비 – 도면 작성시 유의사항

Check Point

☐ 도면 상호간에 축적이 일치하는지

☐ 도면 상호간에 형상선이 일치하는지

☐ 도면 상호간에 색상이 일치하는지

☐ 도면이 선명한지

☐ 도면 내에 불필요한 표시가 포함되지 않았는지

┃ 유사 판단 기준

구분	동일물품	유사물품	비유사물품
형상·모양·색채 동일	동일 디자인		
형상·모양·색채 유사	유사 디자인		
형상·모양·색채 비유사	비유사 디자인		

용도와 기능이 동일   용도는 동일 기능은 상이

강사가이드 및 학습내용(핵심)	✓ **4차산업혁명 요소기술과 스마트화** 　－ 4차 산업혁명요소기술이 만들어 내는 환경의 변화에 대한 이해 　－ 시장환경변화 / 창업환경변화 　－ 스마트비즈니스의 특징 　－ 플랫폼 이해

구분	학습주제	학습목표 및 내용	강의시간 방법
3주	4차산업혁명요소 기술과 기술창업	• 4차산업혁명 요소기술과 스마트화에 대한 이해 • 다양한 시장형태와 제조와 서비스융합의 중요성에 이해 • 스마트형 창업과 비즈니스의 특징 • 다품종 소량생산과 데이터를 활용한 시장제품 개발방법에 이해 • 지식정보의 전유성확보 방안 (지식재산기초 이해)	3주 (3H) 강의/토론 팀 구성

강의안 슬라이드	

❚ 유사 및 침해 판단 예시 2

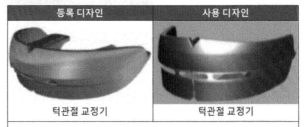

등록 디자인	사용 디자인
턱관절 교정기	턱관절 교정기

양 디자인의 공통되는 부분이 물품으로서 **당연히 있어야 할 부분 내지 디자인의 기본적 또는 기능적 형태인 경우 그 중요도를 낮게 평가**하여, 이러한 부분들이 동일 또는 유사하다는 사정만으로는 양 디자인이 서로 동일 또는 유사하다고 할 수 없다.

■양 디자인은 비유사

강사가이드 및 학습내용(핵심)

✔ **4차산업혁명 요소기술과 스마트화**

 – 4차 산업혁명요소기술이 만들어 내는 환경의 변화에 대한 이해
 – 시장환경변화 / 창업환경변화
 – 스마트비즈니스의 특징
 – 쉬워진 창업환경 이해
 – 플랫폼의 이해

구분	학습주제	학습목표 및 내용	강의시간 방법
4주	NX 프로그램을 활용한 3D 모델링	• CAD/CAE/CAM 프로그램 기 이해하기 • NX 프로그램 사용자 기본값 설정 방법 이해하기 • NX 프로그램 단축 키 활용 방법 이해하기 • NX 프로그램 Help 기능 활용 방법 이해하기 • NX 프로그램을 활용한 3D Solid 모델링 실습	4주 (3H) 강의/실습

강의안 슬라이드	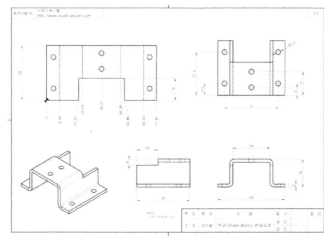

강사가이드 및 학습내용(핵심)

✓ **CAD/CAE/CAM 기능 이해**

    – CAD(컴퓨터 지원 설계) 이해하기

    – CAE(컴퓨터 지원 해석) 이해하기

    – CAM(컴퓨터 지원 제조) 이해하기

    – CAD/CAE/CAM의 발전

    – 통합(일괄) CAx 시스템의 장점

구분	학습주제	학습목표 및 내용	강의시간	방법
4주	NX 프로그램을 활용한 3D 모델링	• CAD/CAE/CAM 프로그램 기 이해하기 • NX 프로그램 사용자 기본값 설정 방법 이해하기 • NX 프로그램 단축 키 활용 방법 이해하기 • NX 프로그램 Help 기능 활용 방법 이해하기 • NX 프로그램을 활용한 3D Solid 모델링 실습	4주 (3H)	강의/실습

강의안 슬라이드

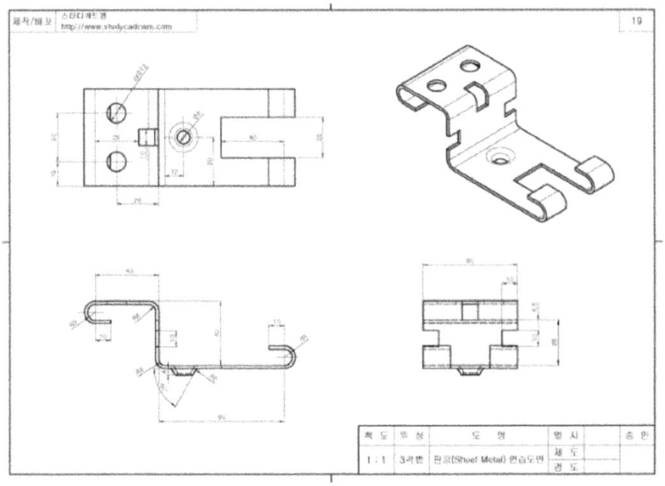

강사가이드 및 학습내용(핵심)

✔ NX 프로그램 메뉴 이해

- 사용자 기본값 설정
- 단축 키 활용 방법
- Help 활용 방법
- 마우스 활용 방법
- 메뉴 Dialog 활용 방법
- CSG Solid 모델링 방법

구분	학습주제	학습목표 및 내용	강의시간 방법
4주	NX 프로그램을 활용한 3D 모델링	• CAD/CAE/CAM 프로그램 기 이해하기 • NX 프로그램 사용자 기본값 설정 방법 이해하기 • NX 프로그램 단축 키 활용 방법 이해하기 • NX 프로그램 Help 기능 활용 방법 이해하기 • NX 프로그램을 활용한 3D Solid 모델링 실습	4주 (3H) 강의/실습

강의안 슬라이드	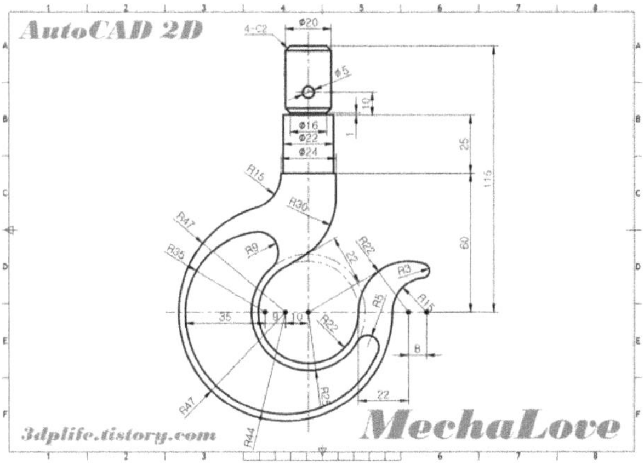

강사가이드 및
학습내용(핵심)
	✔ **NX 3D Solid 모델링 실습**
	
	  – Block / Boolean 메뉴 활용
	  – Edge Blend 메뉴 활용
	  – Edge Chamfer 메뉴 활용
	  – Text Curve 메뉴 활용
	  – Extrude 메뉴 활용
	  – 3D 프린터운용기능사 공개 실기문제 모델링 실습

구분	학습주제	학습목표 및 내용	강의시간 방법
4주	NX 프로그램을 활용한 3D 모델링	• CAD/CAE/CAM 프로그램 기 이해하기 • NX 프로그램 사용자 기본값 설정 방법 이해하기 • NX 프로그램 단축 키 활용 방법 이해하기 • NX 프로그램 Help 기능 활용 방법 이해하기 • NX 프로그램을 활용한 3D Solid 모델링 실습	4주 (3H) 강의/실습

강의안 슬라이드

건축 설계 과정	건축 설계 내용
① 사전 기획	건축이 가능한지 여부를 조사하는 단계로서, 사업성 / 법규 / 규모 등을 검토한다.
② 기획 설계	대지와 관련된 자료를 조사 및 분석하는 단계로서, 지적도 / 도시계획도 / 측량도 등을 사용하며, 설계공정 계획 / 인허가 계획 / 설계팀 구성 / 자료조사 분석 / 프로그램 작성 / 협력업체 선정 등을 진행하여 기획설계 보고서를 작성한다.
③ 계획 설계	기획설계에서 결정된 개념들을 모두 도면화하는 단계로서, 프리 핸드 스케치 또는 캐드 프로그램을 이용하여 건축 기본 도면 및 3D 모델링을 통하여 평면 / 입면 / 단면 계획을 세우고, 건축물에 사용될 주요 재료 선정하거나 협력업체와 협의를 통해 공사비 등을 산출한다.
④ 기본 설계	기본 설계는 건축 인허가에 필요한 기본 설계 도면과 실시 단계에서 바탕이 될 기본 도면을 작성하는 단계로서, 구조 / 전기 / 방재 / 기계 / 건축 / 토목 / 조경 등 기본 도서를 작성하며, 설계개요 / 배치도 / 평면도 / 입면도 / 단면도 / 재료마감표 / 각종 상세도 등으로 기본설계 보고서를 작성한다.
⑤ 실시 설계	실시설계는 건축물을 정확히 건설하기 위하여 모든 건축요소를 결정하여 도면으로 작성하는 과정으로서, 건축가의 계획과 함께 다양한 건축 관련 분야의 계획을 통합해야 한다. 구조 / 설비 / 냉난방 / 배관 / 방화계획 등을 건축도면에 반영하고, 실시도면은 계획 전체를 제시하는 도면과 각 부분의 상세도로 구분된다. 계획을 제시하는 도면은 1:50 축척으로 작성되며, 상세도는 1:50 축척에서 1:1 축척으로 작성된다. 도면으로 표현하기 어려운 내용과 필요한 내용을 구체적으로 제시한 시방서, 구조계산서, 협력업체가 작성한 기타 관계 도서를 함께 작성한다.
⑥ 설계 감리	설계 감리는 실시설계를 담당한 설계자가 그 건물의 공사감리를 하는 것이 일반적이며, 일정 규모 이상 혹은 현장과 떨어져 있을 경우 별도의 감리회사에 위탁하기도 한다. 설계감리는 실시 설계도를 바탕으로 시공도의 체크, 공정관리, 제품검사, 마감이나 색채의 결정, 적산서의 체크, 공사 각 단계에서 발생한 문제와 과정을 판단하여야 하므로 설계자의 경험과 역량이 필요하다.

강사가이드 및 학습내용(핵심)

✔ **CAD/CAE/CAM 기능 이해 (건축설계의 예제)**

　　– CAD(컴퓨터 지원 설계) 이해하기
　　– CAE(컴퓨터 지원 해석) 이해하기
　　– CAM(컴퓨터 지원 제조) 이해하기
　　– CAD/CAE/CAM의 발전
　　– 통합(일괄) CAx 시스템의 장점

구분	학습주제	학습목표 및 내용	강의시간 방법
4주	NX 프로그램을 활용한 3D 모델링	• CAD/CAE/CAM 프로그램 기 이해하기 • NX 프로그램 사용자 기본값 설정 방법 이해하기 • NX 프로그램 단축 키 활용 방법 이해하기 • NX 프로그램 Help 기능 활용 방법 이해하기 • NX 프로그램을 활용한 3D Solid 모델링 실습	4주 (3H) 강의/실습

강의안
슬라이드

정 면 도

강사가이드 및
학습내용(핵심)

✓ **NX 프로그램 메뉴 이해**

- 사용자 기본값 설정
- 단축 키 활용 방법
- Help 활용 방법
- 마우스 활용 방법
- 메뉴 Dialog 활용 방법
- CSG Solid 모델링 방법

구분	학습주제	학습목표 및 내용	강의시간 방법
4주	NX 프로그램을 활용한 3D 모델링	• CAD/CAE/CAM 프로그램 기 이해하기 • NX 프로그램 사용자 기본값 설정 방법 이해하기 • NX 프로그램 단축 키 활용 방법 이해하기 • NX 프로그램 Help 기능 활용 방법 이해하기 • NX 프로그램을 활용한 3D Solid 모델링 실습	4주 (3H) 강의/실습

강의안 슬라이드	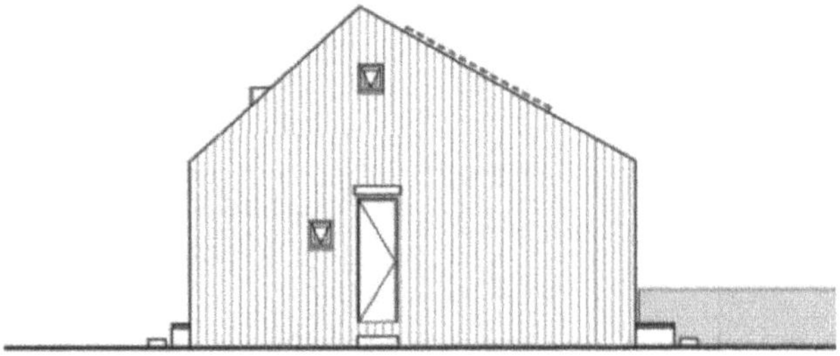

강사가이드 및 학습내용(핵심)

✔ **NX 3D Solid 모델링 실습**

- Block / Boolean 메뉴 활용
- Edge Blend 메뉴 활용
- Edge Chamfer 메뉴 활용
- Text Curve 메뉴 활용
- Extrude 메뉴 활용
- 3D 프린터운용기능사 공개 실기 문제 모델링 실습

구분	학습주제	학습목표 및 내용	강의시간 방법
4주	NX 프로그램을 활용한 3D 모델링	• CAD/CAE/CAM 프로그램 기 이해하기 • NX 프로그램 사용자 기본값 설정 방법 이해하기 • NX 프로그램 단축 키 활용 방법 이해하기 • NX 프로그램 Help 기능 활용 방법 이해하기 • NX 프로그램을 활용한 3D Solid 모델링 실습	4주 (3H) 강의/실습

강의안 슬라이드	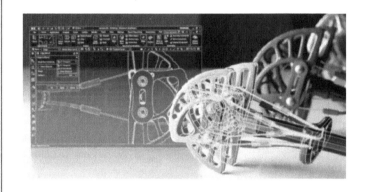

강사가이드 및 학습내용(핵심)	✔ **CAD/CAE/CAM 기능 이해** 　– CAD(컴퓨터 지원 설계) 이해하기 　– CAE(컴퓨터 지원 해석) 이해하기 　– CAM(컴퓨터 지원 제조) 이해하기 　– CAD/CAE/CAM의 발전 　– 통합(일괄) CAx 시스템의 장점

구분	학습주제	학습목표 및 내용	강의시간 방법
4주	NX 프로그램을 활용한 3D 모델링	• CAD/CAE/CAM 프로그램 기 이해하기 • NX 프로그램 사용자 기본값 설정 방법 이해하기 • NX 프로그램 단축 키 활용 방법 이해하기 • NX 프로그램 Help 기능 활용 방법 이해하기 • NX 프로그램을 활용한 3D Solid 모델링 실습	4주 (3H) 강의/실습

<table>
<tr><td>강의안
슬라이드</td><td>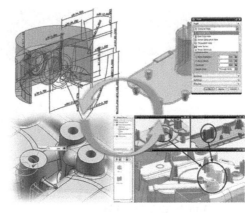</td></tr>
<tr><td>강사가이드 및
학습내용(핵심)</td><td>

✔ **NX 프로그램 메뉴 이해**

    – 사용자 기본값 설정
    – 단축 키 활용 방법
    – Help 활용 방법
    – 마우스 활용 방법
    – 메뉴 Dialog 활용 방법
    – CSG Solid 모델링 방법

</td></tr>
</table>

구분	학습주제	학습목표 및 내용	강의시간 방법
5주	NX 프로그램을 활용한 3D 모델링	• NX 2D(Sketch) 메뉴 활용 방법 이해하기 • NX 2D(Sketch) 치수 및 구속 조건 부여 이해하기 • NX 2D(Sketch) 기능을 활용한 Solid 모델링 방법 이해하기 • NX Assembly 모델링 방법 이해하기 • NX 파일 내보내기 및 활용 방법 이해하기	5주 (3H) 강의/실습

강의안 슬라이드	

강사가이드 및 학습내용(핵심)

✔ **NX 2D(Sketch) 활용 모델링 실습**

- Profile 메뉴 활용
- Line, Circle, Arc 메뉴 활용
- 치수 및 구속 조건 부여 방법
- 3D Solid 모델 생성 방법 실습
- 3D 프린터운용기능사 공개 실기 문제 Sketch 모델링 실습

구분	학습주제	학습목표 및 내용	강의시간	방법
5주	NX 프로그램을 활용한 3D 모델링	• NX 2D(Sketch) 메뉴 활용 방법 이해하기 • NX 2D(Sketch) 치수 및 구속 조건 부여 이해하기 • NX 2D(Sketch) 기능을 활용한 Solid 모델링 방법 이해하기 • NX Assembly 모델링 방법 이해하기 • NX 파일 내보내기 및 활용 방법 이해하기	5주 (3H) 강의/실습	

강의안 슬라이드	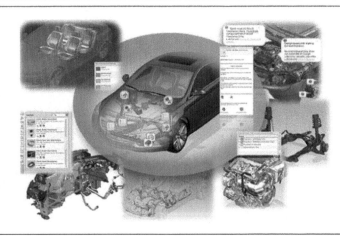

강사가이드 및 학습내용(핵심)

✔ **NX Assembly 모델링 실습**

 – Part 파일 불러오기
 – 조립 제약 조건 부여
 – 동영상을 활용한 학습
 – 3D 프린터운용기능사 공개 실기 문제 Assembly 모델링 실습

구분	학습주제	학습목표 및 내용	강의시간 방법
5주	NX 프로그램을 활용한 3D 모델링	• NX 2D(Sketch) 메뉴 활용 방법 이해하기 • NX 2D(Sketch) 치수 및 구속 조건 부여 이해하기 • NX 2D(Sketch) 기능을 활용한 Solid 모델링 방법 이해하기 • NX Assembly 모델링 방법 이해하기 • NX 파일 내보내기 및 활용 방법 이해하기	5주 (3H) 강의/실습

강의안 슬라이드	

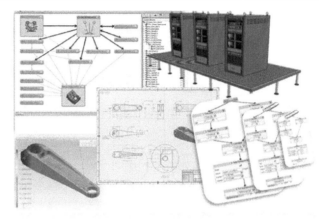

**강사가이드 및
학습내용(핵심)**

✓ NX 파일 내보내기 및 활용

- CAD 중립 포맷 파일 이해하기
- NX Part 파일을 중립 파일로 내보내기(Export) 실습
- 異種 CAD 프로그램에서 활용 실습
- 3D 프린터 슬라이싱 프로그램(FormLabs의 PreForm)에서 활용

구분	학습주제	학습목표 및 내용	강의시간 방법
5주	NX 프로그램을 활용한 3D 모델링	• NX 2D(Sketch) 메뉴 활용 방법 이해하기 • NX 2D(Sketch) 치수 및 구속 조건 부여 이해하기 • NX 2D(Sketch) 기능을 활용한 Solid 모델링 방법 이해하기 • NX Assembly 모델링 방법 이해하기 • NX 파일 내보내기 및 활용 방법 이해하기	5주 (3H) 강의/실습

강의안 슬라이드

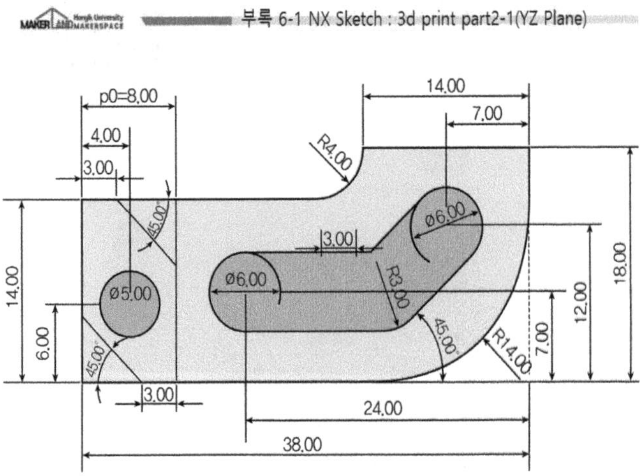

부록 6-1 NX Sketch : 3d print part2-1(YZ Plane)

강사가이드 및 학습내용(핵심)

✔ **NX 2D(Sketch) 활용 모델링 실습**

– Profile 메뉴 활용
– Line, Circle, Arc 메뉴 활용
– 치수 및 구속 조건 부여 방법
– 3D Solid 모델 생성 방법 실습
– 3D 프린터운용기능사 공개 실기 문제 Sketch 모델링 실습

구분	학습주제	학습목표 및 내용	강의시간 방법
5주	NX 프로그램을 활용한 3D 모델링	• NX 2D(Sketch) 메뉴 활용 방법 이해하기 • NX 2D(Sketch) 치수 및 구속 조건 부여 이해하기 • NX 2D(Sketch) 기능을 활용한 Solid 모델링 방법 이해하기 • NX Assembly 모델링 방법 이해하기 • NX 파일 내보내기 및 활용 방법 이해하기	5주 (3H) 강의/실습

강의안 슬라이드	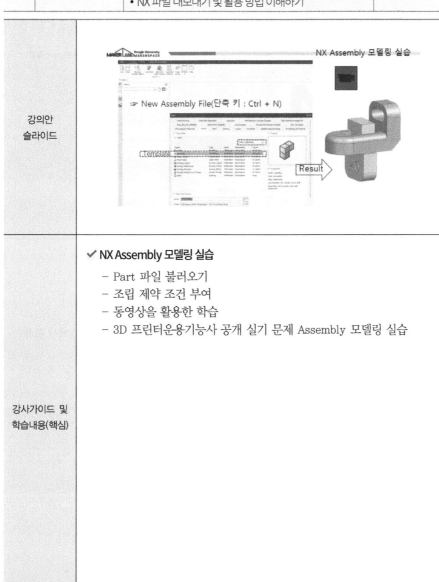

강사가이드 및 학습내용(핵심)

✓ **NX Assembly 모델링 실습**

- Part 파일 불러오기
- 조립 제약 조건 부여
- 동영상을 활용한 학습
- 3D 프린터운용기능사 공개 실기 문제 Assembly 모델링 실습

구분	학습주제	학습목표 및 내용	강의시간	방법
5주	NX 프로그램을 활용한 3D 모델링	• NX 2D(Sketch) 메뉴 활용 방법 이해하기 • NX 2D(Sketch) 치수 및 구속 조건 부여 이해하기 • NX 2D(Sketch) 기능을 활용한 Solid 모델링 방법 이해하기 • NX Assembly 모델링 방법 이해하기 • NX 파일 내보내기 및 활용 방법 이해하기	5주 (3H) 강의/실습	

강의안 슬라이드	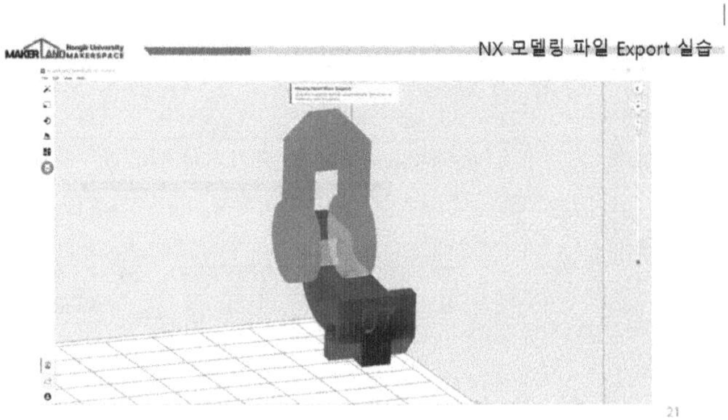

강사가이드 및 학습내용(핵심)

✔ **NX 파일 내보내기 및 활용**

- CAD 중립 포맷 파일 이해하기
- NX Part 파일을 중립 파일로 내보내기(Export) 실습
- 異種 CAD 프로그램에서 활용 실습
- 3D 프린터 슬라이싱 프로그램(FormLabs의 PreForm)에서 활용

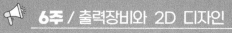
구분	학습주제	학습목표 및 내용	강의시간 방법
6주	출력장비와 2D 디자인	• 플로터 장비 이해 • 플로터 장비 운용 소프트웨어 사용법 • UV 프린터 장비 이해 • UV 프린터 장비 운용 소프트웨어 사용법	6주 (3H) 강의/실습

강의안
슬라이드

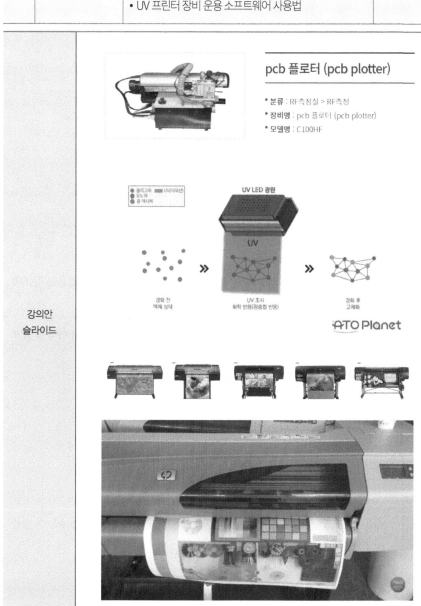

pcb 플로터 (pcb plotter)

• **분류** : RF측정실 > RF측정
• **장비명** : pcb 플로터 (pcb plotter)
• **모델명** : C100HF

구분	학습주제	학습목표 및 내용	강의시간 방법
6주	출력장비와 2D 디자인	• 플로터 장비 이해 • 플로터 장비 운용 소프트웨어 사용법 • UV 프린터 장비 이해 • UV 프린터 장비 운용 소프트웨어 사용법	6주 (3H) 강의/실습

강사가이드 및 학습내용(핵심)		✔ **플로터**
		
		• **실사출력기**
		  – 실사출력기의 기본 작동 원리 설명
		  – 실사출력기 잉크의 특수성 설명
		  – 실사출력기에 호환되는 소재 안내
		  – 실사출력기를 활용한 디자인물 소개
		
		• **커팅플로터**
		  – 커팅플로터의 기본 작동 원리 설명
		  – 커팅플로터 기능인 돔보커팅 설명
		  – 커팅플로터에 호환되는 소재 안내
		  – 커팅플로터를 활용한 디자인 물 소개
		
		• **이용 시 주의사항**
		  – 실사출력기의 기본 온도에 의한 화상 사고가 있을 수 있음을 강조하여 안내
		  – 실사출력기 잉크의 특수성과 관련한 주의사항 안내
		  – 커팅플로터의 경우 칼날이 장착되어 있으므로 안전사고 예방을 강조하여 안내
		
		✔ **UV 프린터**
		
		• **UV 프린터**
		  – UV 프린터의 기본 작동 원리 설명
		  – UV Ink의 특수성 설명
		  – UV 프린터에 호환되는 소재 안내
		  – UV 프린터를 활용한 디자인 물 소개
		
		• **이용 시 주의사항**
		  – UV 램프가 장착되어 있으므로 장시간 눈에 노출되면 해로울 수 있는 점을 강조한 안내
		  – UV 잉크의 특수성과 관련한 주의사항 안내
		  – 기타 주의사항 안내	

구분	학습주제	학습목표 및 내용	강의시간 방법
6주	출력장비와 2D 디자인	• 플로터 장비 이해 • 플로터 장비 운용 소프트웨어 사용법 • UV 프린터 장비 이해 • UV 프린터 장비 운용 소프트웨어 사용법	6주 (3H) 강의/실습

강의안 슬라이드	
강사가이드 및 학습내용(핵심)	✔ **플로터** • 실사출력기 　– 실사출력기의 기본 작동 원리 설명 　– 실사출력기 잉크의 특수성 설명 　– 실사출력기에 호환되는 소재 안내 　– 실사출력기를 활용한 디자인물 소개 • 이용 시 주의사항 　– 실사출력기의 기본 온도에 의한 화상 사고가 있을 수 있음을 강조하여 안내 　– 실사출력기 잉크의 특수성과 관련한 주의사항 안내 　– 커팅플로터의 경우 칼날이 장착되어 있으므로 안전사고 예방을 강조하여 안내 ✔ **UV 프린터** • UV 프린터 　– UV 프린터의 기본 작동 원리 설명 　– UV Ink의 특수성 설명 　– UV 프린터에 호환되는 소재 안내 　– UV 프린터를 활용한 디자인 물 소개

구분	학습주제	학습목표 및 내용	강의시간 방법
6주	출력장비와 2D 디자인	• 플로터 장비 이해 • 플로터 장비 운용 소프트웨어 사용법 • UV 프린터 장비 이해 • UV 프린터 장비 운용 소프트웨어 사용법	6주 (3H) 강의/실습

강의안 슬라이드	

강사가이드 및
학습내용(핵심)
	• 커팅플로터
	   – 커팅플로터의 기본 작동 원리 설명
	   – 커팅플로터 기능인 돔보커팅 설명
	   – 커팅플로터에 호환되는 소재 안내
	   – 커팅플로터를 활용한 디자인 물 소개

구분	학습주제	학습목표 및 내용	강의시간 방법
6주	출력장비와 2D 디자인	• 플로터 장비 이해 • 플로터 장비 운용 소프트웨어 사용법 • UV 프린터 장비 이해 • UV 프린터 장비 운용 소프트웨어 사용법	6주 (3H) 강의/실습
강의안 슬라이드		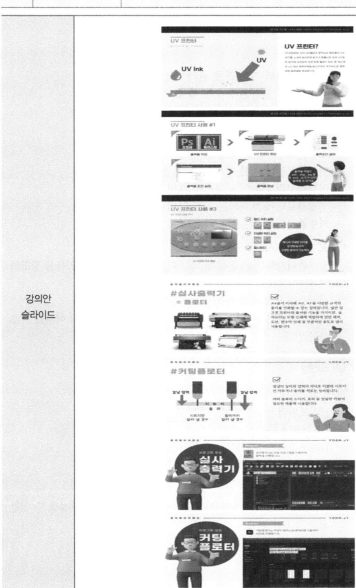	

구분	학습주제	학습목표 및 내용	강의시간 방법
6주	출력장비와 2D 디자인	• 플로터 장비 이해 • 플로터 장비 운용 소프트웨어 사용법 • UV 프린터 장비 이해 • UV 프린터 장비 운용 소프트웨어 사용법	6주 (3H) 강의/실습
강사가이드 및 학습내용(핵심)	**✔ 플로터** • **실사출력기** – 실사출력기의 기본 작동 원리 설명 – 실사출력기 잉크의 특수성 설명 – 실사출력기에 호환되는 소재 안내 – 실사출력기를 활용한 디자인물 소개 • **커팅플로터** – 커팅플로터의 기본 작동 원리 설명 – 커팅플로터 기능인 돔보커팅 설명 – 커팅플로터에 호환되는 소재 안내 – 커팅플로터를 활용한 디자인 물 소개 • **이용 시 주의사항** – 실사출력기의 기본 온도에 의한 화상 사고가 있을 수 있음을 강조하여 안내 – 실사출력기 잉크의 특수성과 관련한 주의사항 안내 – 커팅플로터의 경우 칼날이 장착되어 있으므로 안전사고 예방을 강조하여 안내 **✔ UV 프린터** • **UV 프린터** – UV 프린터의 기본 작동 원리 설명 – UV Ink의 특수성 설명 – UV 프린터에 호환되는 소재 안내 – UV 프린터를 활용한 디자인 물 소개 • **이용 시 주의사항** – UV 램프가 장착되어 있으므로 장시간 눈에 노출되면 해로울 수 있는 점을 강조한 안내 – UV 잉크의 특수성과 관련한 주의사항 안내 – 기타 주의사항 안내		

구분	학습주제	학습목표 및 내용	강의시간 방법
7주	3D프린터 이론, 슬라이싱 프로그램 실습	• FDM, SLA 3D프린터 이론 • 각 방식의 3D프린터 슬라이싱 프로그램 실습	7주 (3H) 강의/실습

강의안 슬라이드	

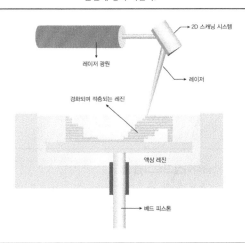

액상 수지를 레이저로 경화시켜 레이어를 쌓는 방식

1. 액상 수지 안에 있는 베드플랫폼에 레이저를 조사한다

2. 광경화작용에 의해 레진이 굳으며 레이어가 만들어진다.

3. 레이어가 만들어지면 베드플랫폼이 하강하며 그 위에 레진이 균등하게 도포된다

• DLP 방식과의 차이
- SLA는 레이저가 선을 그리며 움직이는 방식인 반면, DLP방식은 한 층 전체를 카메라 플래시를 터뜨리듯 단번에 경화 시킨다.

2D 스캐닝 시스템

레이저 광원

레이저

경화되며 적층되는 레진

액상 레진

베드 피스톤

강사가이드 및 학습내용(핵심)

✔ **3D프린터 개요**

• 4차산업혁명의 주요 기술인 3D프린터의 전반적인 지식을 습득하고 창작물을 출력할 때 적절한 3D프린팅 방식을 선택하여 효율적으로 운용할 수 있도록 진행

• 각 방식의 차이점과 특징, 장점 및 단점을 이해하여 창작물을 제작하는 과정에서 제품설계에 대한 이해도를 높이고 시제품에 필요한 노하우를 습득

구분	학습주제	학습목표 및 내용	강의시간 방법
7주	3D프린터 이론, 슬라이싱 프로그램 실습	• FDM, SLA 3D프린터 이론 • 각 방식의 3D프린터 슬라이싱 프로그램 실습	7주 (3H) 강의/실습

강의안 슬라이드	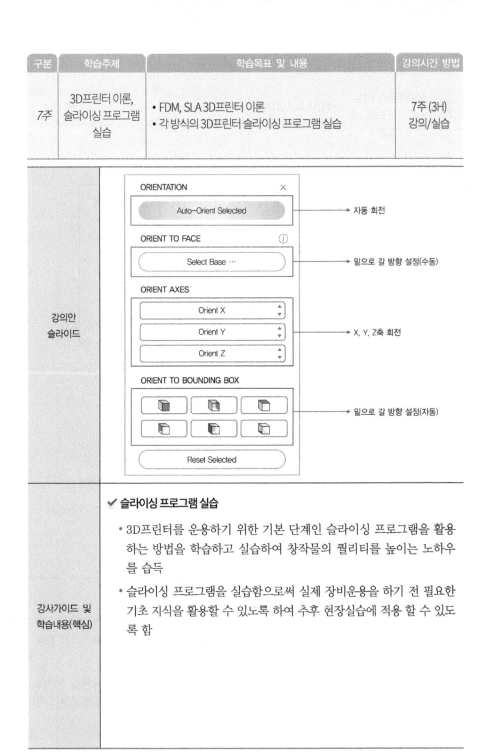

✓ 슬라이싱 프로그램 실습

강사가이드 및
학습내용(핵심)

- 3D프린터를 운용하기 위한 기본 단계인 슬라이싱 프로그램을 활용하는 방법을 학습하고 실습하여 창작물의 퀄리티를 높이는 노하우를 습득
- 슬라이싱 프로그램을 실습함으로써 실제 장비운용을 하기 전 필요한 기초 지식을 활용할 수 있도록 하여 추후 현장실습에 적용 할 수 있도록 함

구분	학습주제	학습목표 및 내용	강의시간 방법
7주	3D프린터 이론, 슬라이싱 프로그램 실습	• FDM, SLA 3D프린터 이론 • 각 방식의 3D프린터 슬라이싱 프로그램 실습	7주 (3H) 강의/실습

강의안 슬라이드	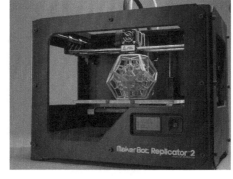 
강사가이드 및 학습내용(핵심)	✔ **3D프린터 개요** • 4차산업혁명의 주요 기술인 3D프린터의 전반적인 지식을 습득하고 창작물을 출력할 때 적절한 3D프린팅 방식을 선택하여 효율적으로 운용할 수 있도록 진행 • 각 방식의 차이점과 특징, 장점 및 단점을 이해하여 창작물을 제작하는 과정에서 제품설계에 대한 이해도를 높이고 시제품에 필요한 노하우를 습득

구분	학습주제	학습목표 및 내용	강의시간 방법
7주	3D프린터 이론, 슬라이싱 프로그램 실습	• FDM, SLA 3D프린터 이론 • 각 방식의 3D프린터 슬라이싱 프로그램 실습	7주 (3H) 강의/실습

강의안 슬라이드	

강사가이드 및 학습내용(핵심)

✔ 슬라이싱 프로그램 실습

- 3D프린터를 운용하기 위한 기본 단계인 슬라이싱 프로그램을 활용하는 방법을 학습하고 실습하여 창작물의 퀄리티를 높이는 노하우를 습득

- 슬라이싱 프로그램을 실습함으로써 실제 장비운용을 하기 전 필요한 기초 지식을 활용할 수 있도록 하여 추후 현장실습에 적용 할 수 있도록 함

구분	학습주제	학습목표 및 내용	강의시간 방법
7주	3D프린터 이론, 슬라이싱 프로그램 실습	• FDM, SLA 3D프린터 이론 • 각 방식의 3D프린터 슬라이싱 프로그램 실습	7주 (3H) 강의/실습

강의안 슬라이드	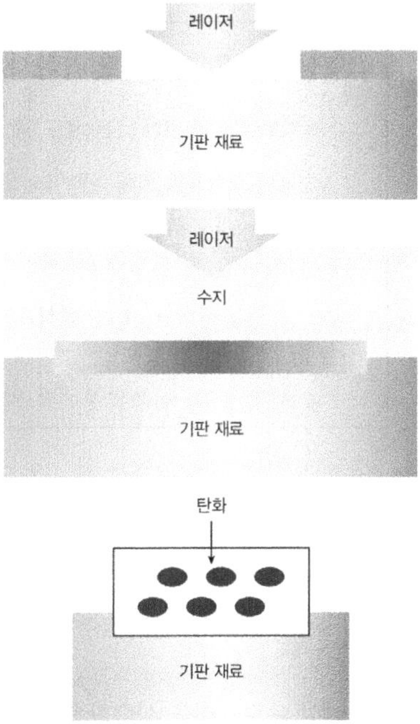 레이저 기판 재료 레이저 수지 기판 재료 탄화 기판 재료
강사가이드 및 학습내용(핵심)	✔ **3D프린터 개요** • 4차산업혁명의 주요 기술인 3D프린터의 전반적인 지식을 습득하고 창작물을 출력할 때 적절한 3D프린팅 방식을 선택하여 효율적으로 운용할 수 있도록 진행 • 각 방식의 차이점과 특징, 장점 및 단점을 이해하여 창작물을 제작하는 과정에서 제품설계에 대한 이해도를 높이고 시제품에 필요한 노하우를 습득

구분	학습주제	학습목표 및 내용	강의시간	방법
7주	3D프린터 이론, 슬라이싱 프로그램 실습	• FDM, SLA 3D프린터 이론 • 각 방식의 3D프린터 슬라이싱 프로그램 실습	7주 (3H)	강의/실습

강의안 슬라이드	**액상 수지를 레이저로 경화시켜 레이어를 쌓는 방식** 1. 액상 수지 안에 있는 베드플랫폼에 레이저를 조사한다 2. 광경화작용에 의해 레진이 굳으며 레이어가 만들어진다. 3. 레이어가 만들어지면 베드플랫폼이 하강하며 그 위에 레진이 균등하게 도포된다 • **DLP 방식과의 차이** - SLA는 레이저가 선을 그리며 움직이는 방식인 반면, DLP방식은 한 층 전체를 카메라 플래시를 터뜨리듯 단번에 경화 시킨다.
강사가이드 및 학습내용(핵심)	✔ **슬라이싱 프로그램 실습** • 3D프린터를 운용하기 위한 기본 단계인 슬라이싱 프로그램을 활용하는 방법을 학습하고 실습하여 창작물의 퀄리티를 높이는 노하우를 습득 • 슬라이싱 프로그램을 실습함으로써 실제 장비운용을 하기 전 필요한 기초 지식을 활용할 수 있도록 하여 추후 현장실습에 적용 할 수 있도록 함

구분	학습주제	학습목표 및 내용	강의시간 방법
7주	3D프린터 이론, 슬라이싱 프로그램 실습	• FDM, SLA 3D프린터 이론 • 각 방식의 3D프린터 슬라이싱 프로그램 실습	7주 (3H) 강의/실습

강의안 슬라이드	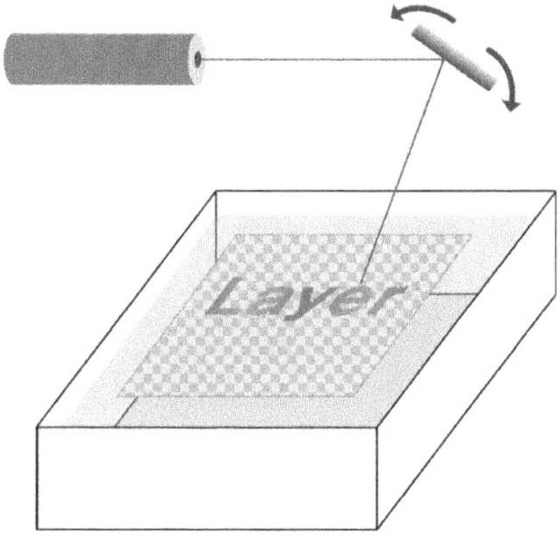
강사가이드 및 학습내용(핵심)	✔ **3D프린터 개요** • 4차산업혁명의 주요 기술인 3D프린터의 전반적인 지식을 습득하고 창작물을 출력할 때 적절한 3D프린팅 방식을 선택하여 효율적으로 운용할 수 있도록 진행 • 각 방식의 차이점과 특징, 장점 및 단점을 이해하여 창작물을 제작하는 과정에서 제품설계에 대한 이해도를 높이고 시제품에 필요한 노하우를 습득

구분	학습주제	학습목표 및 내용	강의시간 방법
7주	3D프린터 이론, 슬라이싱 프로그램 실습	• FDM, SLA 3D프린터 이론 • 각 방식의 3D프린터 슬라이싱 프로그램 실습	7주 (3H) 강의/실습

강의안 슬라이드	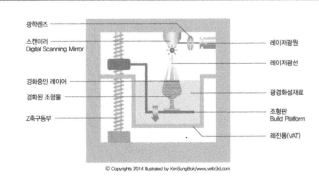

강사가이드 및 학습내용(핵심)

✓ **슬라이싱 프로그램 실습**

• 3D프린터를 운용하기 위한 기본 단계인 슬라이싱 프로그램을 활용하는 방법을 학습하고 실습하여 창작물의 퀄리티를 높이는 노하우를 습득

• 슬라이싱 프로그램을 실습함으로써 실제 장비운용을 하기 전 필요한 기초 지식을 활용할 수 있도록 하여 추후 현장실습에 적용 할 수 있도록 함

구분	학습주제	학습목표 및 내용	강의시간 방법
7주	3D프린터 이론, 슬라이싱 프로그램 실습	• FDM, SLA 3D프린터 이론 • 각 방식의 3D프린터 슬라이싱 프로그램 실습	7주 (3H) 강의/실습

강의안 슬라이드	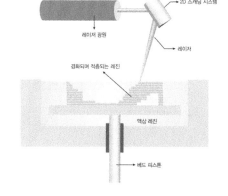 **액상 수지를 레이저로 경화시켜 레이어를 쌓는 방식** 1. 액상 수지 안에 있는 베드플랫폼에 레이저를 조사한다 2. 광경화작용에 의해 레진이 굳으며 레이어가 만들어진다. 3. 레이어가 만들어지면 베드플랫폼이 하강하며 그 위에 레진이 균등하게 도포된다 • **DLP 방식과의 차이** - SLA는 레이저가 선을 그리며 움직이는 방식인 반면, DLP방식은 한 층 전체를 카메라 플래시를 터뜨리듯 단번에 경화 시킨다.
강사가이드 및 학습내용(핵심)	**✓ 3D프린터 개요** • 4차산업혁명의 주요 기술인 3D프린터의 전반적인 지식을 습득하고 창작물을 출력할 때 적절한 3D프린팅 방식을 선택하여 효율적으로 운용할 수 있도록 진행 • 각 방식의 차이점과 특징, 장점 및 단점을 이해하여 창작물을 제작하는 과정에서 제품설계에 대한 이해도를 높이고 시제품에 필요한 노하우를 습득

구분	학습주제	학습목표 및 내용	강의시간 방법
7주	3D프린터 이론, 슬라이싱 프로그램 실습	• FDM, SLA 3D프린터 이론 • 각 방식의 3D프린터 슬라이싱 프로그램 실습	7주 (3H) 강의/실습
강의안 슬라이드			

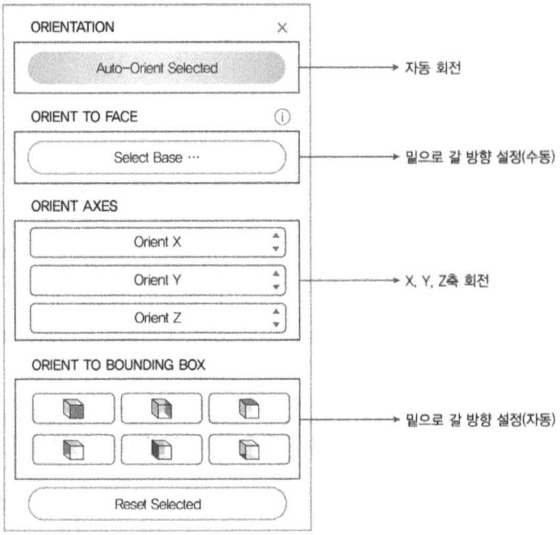

강사가이드 및 학습내용(핵심)	✓ **슬라이싱 프로그램 실습** • 3D프린터를 운용하기 위한 기본 단계인 슬라이싱 프로그램을 활용하는 방법을 학습하고 실습하여 창작물의 퀄리티를 높이는 노하우를 습득 • 슬라이싱 프로그램을 실습함으로써 실제 장비운용을 하기 전 필요한 기초 지식을 활용할 수 있도록 하여 추후 현장실습에 적용 할 수 있도록 함

구분	학습주제	학습목표 및 내용	강의시간 방법
7주	3D프린터 이론, 슬라이싱 프로그램 실습	• FDM, SLA 3D프린터 이론 • 각 방식의 3D프린터 슬라이싱 프로그램 실습	7주 (3H) 강의/실습

강의안 슬라이드	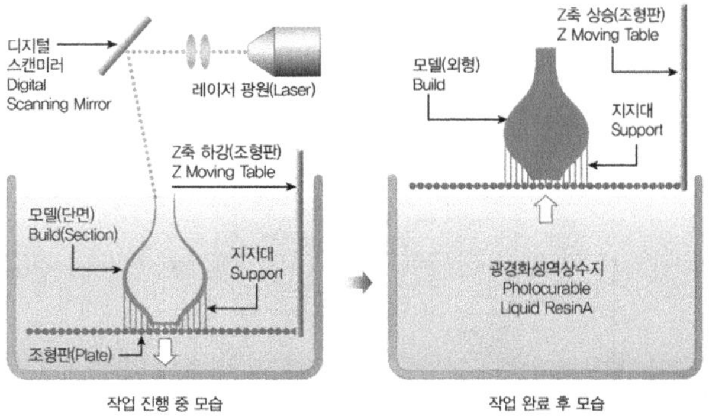 작업 진행 중 모습　　　　　　　　　작업 완료 후 모습
강사가이드 및 학습내용(핵심)	**✓ 3D프린터 개요** • 4차산업혁명의 주요 기술인 3D프린터의 전반적인 지식을 습득하고 창작물을 출력할 때 적절한 3D프린팅 방식을 선택하여 효율적으로 운용할 수 있도록 진행 • 각 방식의 차이점과 특징, 장점 및 단점을 이해하여 창작물을 제작하는 과정에서 제품설계에 대한 이해도를 높이고 시제품에 필요한 노하우를 습득

구분	학습주제	학습목표 및 내용	강의시간	방법
7주	3D프린터 이론, 슬라이싱 프로그램 실습	• FDM, SLA 3D프린터 이론 • 각 방식의 3D프린터 슬라이싱 프로그램 실습	7주 (3H) 강의/실습	

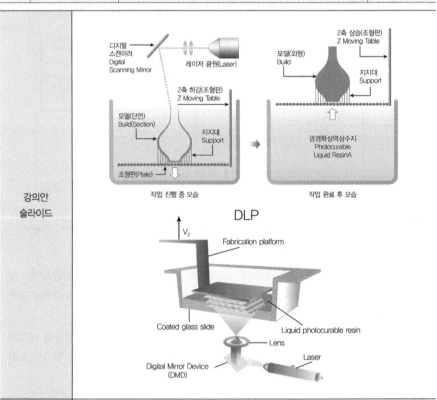

**강의안
슬라이드**

**강사가이드 및
학습내용(핵심)**

✔ **슬라이싱 프로그램 실습**

• 3D프린터를 운용하기 위한 기본 단계인 슬라이싱 프로그램을 활용하는 방법을 학습하고 실습하여 창작물의 퀄리티를 높이는 노하우를 습득

• 슬라이싱 프로그램을 실습함으로써 실제 장비운용을 하기 전 필요한 기초 지식을 활용할 수 있도록 하여 추후 현장실습에 적용 할 수 있도록 함

구분	학습주제	학습목표 및 내용	강의시간 방법
7주	3D프린터 이론, 슬라이싱 프로그램 실습	• FDM, SLA 3D프린터 이론 • 각 방식의 3D프린터 슬라이싱 프로그램 실습	7주 (3H) 강의/실습

강의안 슬라이드	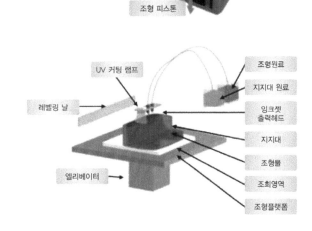
강사가이드 및 학습내용(핵심)	✔ **3D프린터 개요** • 4차산업혁명의 주요 기술인 3D프린터의 전반적인 지식을 습득하고 창작물을 출력할 때 적절한 3D프린팅 방식을 선택하여 효율적으로 운용할 수 있도록 진행 • 각 방식의 차이점과 특징, 장점 및 단점을 이해하여 창작물을 제작하는 과정에서 제품설계에 대한 이해도를 높이고 시제품에 필요한 노하우를 습득

구분	학습주제	학습목표 및 내용	강의시간	방법
7주	3D프린터 이론, 슬라이싱 프로그램 실습	• FDM, SLA 3D프린터 이론 • 각 방식의 3D프린터 슬라이싱 프로그램 실습	7주 (3H)	강의/실습

강의안 슬라이드	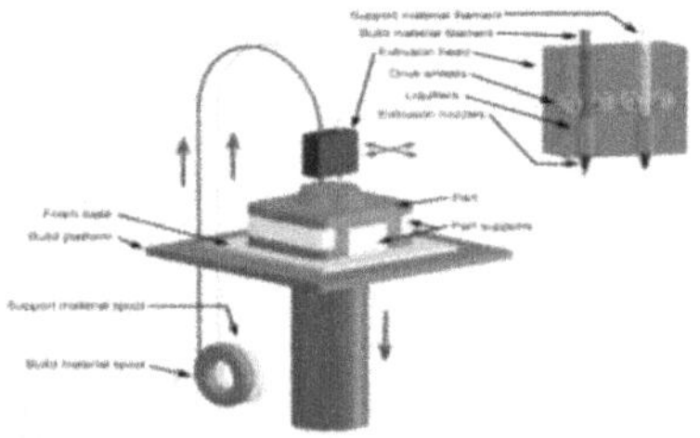 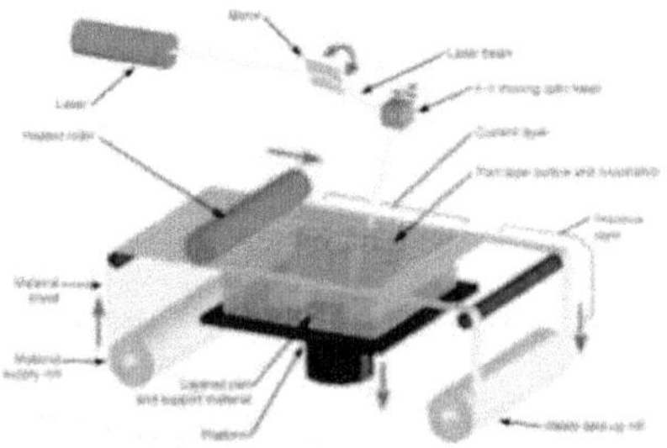 원소재인 시트를 공급 정해진 위치에 레이저나 칼로 필요한 부분만 남기고 자름 3차원 형상에 필요한 부분만 접착 시트의 두께만큼 아래로 내림 필요 없는 부분은 다시 감겨져 나감
강사가이드 및 학습내용(핵심)	✔ **슬라이싱 프로그램 실습** • 3D프린터를 운용하기 위한 기본 단계인 슬라이싱 프로그램을 활용하는 방법을 학습하고 실습하여 창작물의 퀄리티를 높이는 노하우를 습득 • 슬라이싱 프로그램을 실습함으로써 실제 장비운용을 하기 전 필요한 기초 지식을 활용할 수 있도록 하여 추후 현장실습에 1적용 할 수 있도록 함

구분	학습주제	학습목표 및 내용	강의시간 방법
7주	3D프린터 이론, 슬라이싱 프로그램 실습	• FDM, SLA 3D프린터 이론 • 각 방식의 3D프린터 슬라이싱 프로그램 실습	7주 (3H) 강의/실습

강의안 슬라이드	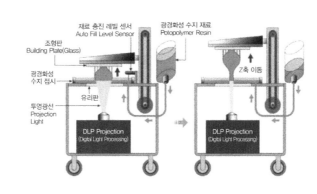

강사가이드 및 학습내용(핵심)	✓ **3D프린터 개요** • 4차산업혁명의 주요 기술인 3D프린터의 전반적인 지식을 습득하고 창작물을 출력할 때 적절한 3D프린팅 방식을 선택하여 효율적으로 운용할 수 있도록 진행 • 각 방식의 차이점과 특징, 장점 및 단점을 이해하여 창작물을 제작하는 과정에서 제품설계에 대한 이해도를 높이고 시제품에 필요한 노하우를 습득

구분	학습주제	학습목표 및 내용	강의시간 방법
7주	3D프린터 이론, 슬라이싱 프로그램 실습	• FDM, SLA 3D프린터 이론 • 각 방식의 3D프린터 슬라이싱 프로그램 실습	7주 (3H) 강의/실습

강의안 슬라이드	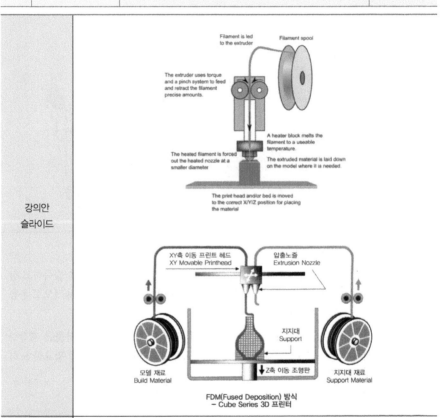 FDM(Fused Deposition) 방식 – Cube Series 3D 프린터
강사가이드 및 학습내용(핵심)	✔ **슬라이싱 프로그램 실습** • 3D프린터를 운용하기 위한 기본 단계인 슬라이싱 프로그램을 활용하는 방법을 학습하고 실습하여 창작물의 퀄리티를 높이는 노하우를 습득 • 슬라이싱 프로그램을 실습함으로써 실제 장비운용을 하기 전 필요한 기초 지식을 활용할 수 있도록 하여 추후 현장실습에 적용 할 수 있도록 함

구분	학습주제	학습목표 및 내용	강의시간 방법
8주	3D프린터 장비 실제 사용법과 응용 기술	• 3D프린터 (FDM,SLA)에 대한 실제 장비 작동 오퍼레이팅 교육 • 3D프린터를 활용한 시제품 샘플 소개와 무료 오픈소스 사이트 소개 • 모든사람 장비 체험 가능하도록 교육	8주 (3H) 강의/실습

강의안
슬라이드

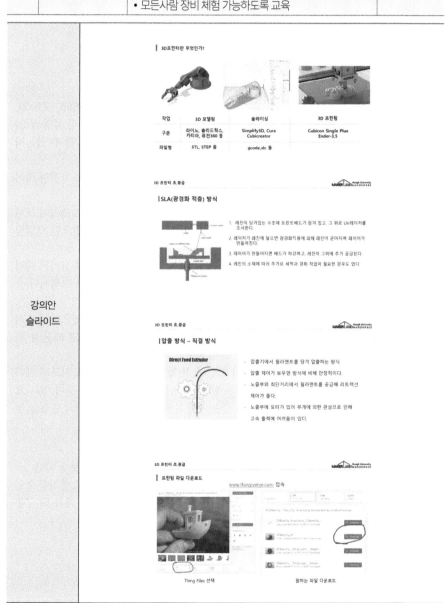

구분	학습주제	학습목표 및 내용	강의시간 방법
8주	3D프린터 장비 실제 사용법과 응용 기술	• 3D프린터 (FDM,SLA)에 대한 실제 장비 작동 오퍼레이팅 교육 • 3D프린터를 활용한 시제품 샘플 소개와 무료 오픈소스 사이트 소개 • 모든사람 장비 체험 가능하도록 교육	8주 (3H) 강의/실습

강사가이드 및 학습내용(핵심)	✔ **3D 프린터(FDM, SLA)**
	
	• **3D 프린터 실제 사용법 교육**
	  – 3D프린터에 대한 기본적인 작동 방법 교육(실습)
	  – 3D프린터중 보유 장비인 Cubicon Single Plus, Z650, Z1000, Form3L 등 장비의 차별성, 정밀도, 반복 속도 등의 특징 설명 실습)
	  – 보유한 재료를 설명, 재료별 어떤 시제품을 창작, 생산할 수 있는지 강의 (실습)
	    1) PLA : 가장 범용적인 프린터 재료. 약간 무른 강도를 가지며 레이어를 많이할 시 강도가 강해짐
	    2) ABS : 도색, 경도가 강해야 하는 시제품 제작에 주로 쓰이며 표면 처리가 용이하여 조각, 미술품 제작 등 후가공이 필요한 모델링에 자주 쓰임
	    3) TPU : 타이어와 비슷한 소재의 느낌을 낼 수 있으며 실리콘 재질을 원한다면 해당 재료가 가장 적합. 차량용 타이어 모형이나 충격 흡수용 모델에 적절
	    4) 레진 : 투명, 불투명, 내열성이 강한 여러 재료가 있으며 온도저항성이 필요한 내부 엔진 구조나 내부가 보이는 투명 레진 등 특별한 목적이 있는 곳에 사용할 수 있음
	    5) PVA : 아세톤이나 특별한 용액에 녹는 필라멘트로 서포터 제거가 유리하기에 내부 형상의 서포터 제거가 힘든 부분이 있는 모델의 경우 더블 노즐을 활용하여 PVA를 녹여 제품의 품질을 높이는데 사용
	
	• **3D프린터 안전사항 교육**
	  – 목적 : 장비 사용시 사용자 안전 확보 및 장비 유지 · 보수 측면
	  – 내용 : 마스크 필수 착용, 보안경 착용 권고 전용 배기시스템 작동 확인
	  – 활용 분야 : 3D형상물 제작, 시제품 디자인 제작 키트 제작 및 구동 확인

구분	학습주제	학습목표 및 내용	강의시간 방법
8주	3D프린터 장비 실제 사용법과 응용 기술	• 3D프린터 (FDM,SLA)에 대한 실제 장비 작동 오퍼레이팅 교육 • 3D프린터를 활용한 시제품 샘플 소개와 무료 오픈소스 사이트 소개 • 모든사람 장비 체험 가능하도록 교육	8주 (3H) 강의/실습

강의안
슬라이드

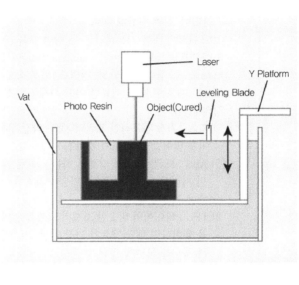

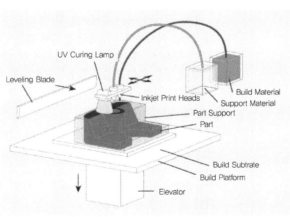

3D 프린터 원리 출력 방식 – 소재 분사 방식(Material Jetting)

구분	학습주제	학습목표 및 내용	강의시간 방법
8주	3D프린터 장비 실제 사용법과 응용 기술	• 3D프린터 (FDM,SLA)에 대한 실제 장비 작동 오퍼레이팅 교육 • 3D프린터를 활용한 시제품 샘플 소개와 무료 오픈소스 사이트 소개 • 모든사람 장비 체험 가능하도록 교육	8주 (3H) 강의/실습

강사가이드 및 학습내용(핵심)	✔ **3D 프린터(FDM, SLA)**
	• 3D 프린터 실제 사용법 교육
	  – 3D프린터에 대한 기본적인 작동 방법 교육 (실습)
	  – 3D프린터중 보유 장비인 Cubicon Single Plus, Z650, Z1000, Form3L 등 장비의 차별성, 정밀도, 반복 속도 등의 특징 설명 실습)
	  – 보유한 재료를 설명, 재료별 어떤 시제품을 창작, 생산할 수 있는지 강의 (실습)
	   1) PLA : 가장 범용적인 프린터 재료. 약간 무른 강도를 가지며 레이어를 많이할 시 강도가 강해짐
	   2) ABS : 도색, 경도가 강해야 하는 시제품 제작에 주로 쓰이며 표면 처리가 용이하여 조각, 미술품 제작 등 후가공이 필요한 모델링에 자주 쓰임
	   3) TPU : 타이어와 비슷한 소재의 느낌을 낼 수 있으며 실리콘 재질을 원한다면 해당 재료가 가장 적합. 차량용 타이어 모형이나 충격 흡수용 모델에 적절
	   4) 레진 : 투명, 불투명, 내열성이 강한 여러 재료가 있으며 온도저항성이 필요한 내부 엔진 구조나 내부가 보이는 투명 레진 등 특별한 목적이 있는 곳에 사용할 수 있음
	   5) PVA : 아세톤이나 특별한 용액에 녹는 필라멘트로 서포터 제거가 유리하기에 내부 형상의 서포터 제거가 힘든 부분이 있는 모델의 경우 더블 노즐을 활용하여 PVA를 녹여 제품의 품질을 높이는데 사용
	• 3D프린터 안전사항 교육
	  – 목직 : 장비 사용시 사용자 안전 획보 및 장비 유지, 보수 측면
	  – 내용 : 마스크 필수 착용, 보안경 착용 권고, 전용 배기시스템 작동 확인
	  – 활용 분야 : 3D형상물 제작, 시제품 디자인 제작, 키트 제작 및 구동 확인

구분	학습주제	학습목표 및 내용	강의시간 방법
8주	3D프린터 장비 실제 사용법과 응용 기술	• 3D프린터 (FDM,SLA)에 대한 실제 장비 작동 오퍼레이팅 교육 • 3D프린터를 활용한 시제품 샘플 소개와 무료 오픈소스 사이트 소개 • 모든사람 장비 체험 가능하도록 교육	8주 (3H) 강의/실습

강의안
슬라이드

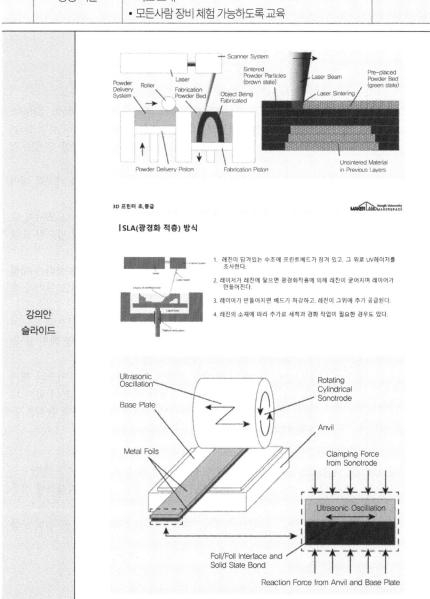

3D 프린터 초,중급

MAKERLAND Hongik University MAKERSPACE

│SLA(광경화 적층) 방식

1. 레진이 담겨있는 수조에 프린트베드가 잠겨 있고, 그 위로 UV레이저를 조사한다.
2. 레이저가 레진에 닿으면 광경화작용에 의해 레진이 굳어지며 레이어가 만들어진다.
3. 레이어가 만들어지면 베드가 하강하고, 레진이 그위에 추가 공급된다.
4. 레진의 소재에 따라 추가로 세척과 경화 작업이 필요한 경우도 있다.

구분	학습주제	학습목표 및 내용	강의시간 방법
8주	3D프린터 장비 실제 사용법과 응용 기술	• 3D프린터 (FDM,SLA)에 대한 실제 장비 작동 오퍼레이팅 교육 • 3D프린터를 활용한 시제품 샘플 소개와 무료 오픈소스 사이트 소개 • 모든사람 장비 체험 가능하도록 교육	8주 (3H) 강의/실습

강사가이드 및 학습내용(핵심)	✓ **3D 프린터(FDM, SLA)** • 3D 프린터 실제 사용법 교육 　– 3D프린터에 대한 기본적인 작동 방법 교육 (실습) 　– 3D프린터중 보유 장비인 Cubicon Single Plus, Z650, Z1000, Form3L 등 장비의 차별성, 정밀도, 반복 속도 등의 특징 설명 실습) 　– 보유한 재료를 설명, 재료별 어떤 시제품을 창작, 생산할 수 있는지 강의 (실습) 　　1) PLA : 가장 범용적인 프린터 재료. 약간 무른 강도를 가지며 레이어를 많이할 시 강도가 강해짐 　　2) ABS : 도색, 경도가 강해야 하는 시제품 제작에 주로 쓰이며 표면 처리가 용이하여 조각, 미술품 제작 등 후가공이 필요한 모델링에 자주 쓰임 　　3) TPU : 타이어와 비슷한 소재의 느낌을 낼 수 있으며 실리콘 재질을 원한다면 해당 재료가 가장 적합. 차량용 타이어 모형이나 충격 흡수용 모델에 적절 　　4) 레진 : 투명, 불투명, 내열성이 강한 여러 재료가 있으며 온도저항성이 필요한 내부 엔진 구조나 내부가 보이는 투명 레진 등 특별한 목적이 있는 곳에 사용할 수 있음 　　5) PVA : 아세톤이나 특별한 용액에 녹는 필라멘트로 서포터 제거가 유리하기에 내부 형상의 서포터 제거가 힘든 부분이 있는 모델의 경우 더블 노즐을 활용하여 PVA를 녹여 제품의 품질을 높이는데 사용 • 3D프린터 안전사항 교육 　– 목적 : 장비 사용시 사용자 안전 확보 및 장비 유지, 보수 측면 　– 내용 : 마스크 필수 착용, 보안경 착용 권고, 전용 배기시스템 작동 확인 　– 활용 분야 : 3D형상물 제작, 시제품 디자인 제작, 키트 제작 및 구동 확인

구분	학습주제	학습목표 및 내용	강의시간 방법
9주	비금속레이저커터 장비 사용법과 응용 기술	• 오리엔테이션 (장비 소개) • 레이저커터에 대한 작동 원리 이해 • 비금속 레이저커터를 활용한 시제품 샘플 소개와 아이디어 현실화 교육, 안전 교육 진행 • 커팅, 각인, 로터리 등 장비 활용성 교육	9주 (3H) 강의/실습

강의안 슬라이드

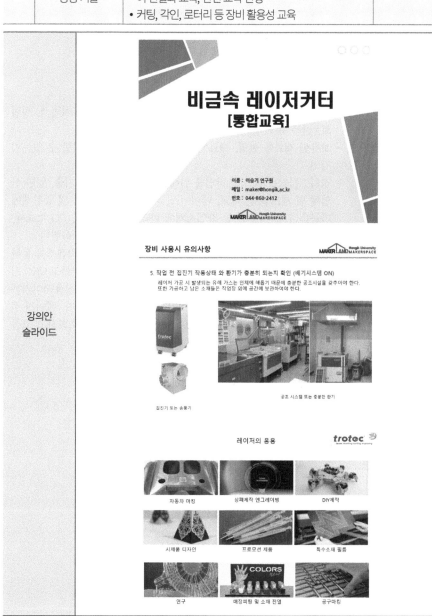

구분	학습주제	학습목표 및 내용	강의시간 방법
9주	비금속레이저커터 장비 사용법과 응용 기술	• 오리엔테이션 (장비 소개) • 레이저커터에 대한 작동 원리 이해 • 비금속 레이저커터를 활용한 시제품 샘플 소개와 아이디어 현실화 교육, 안전 교육 진행 • 커팅, 각인, 로터리 등 장비 활용성 교육	9주 (3H) 강의/실습

강사가이드 및 학습내용(핵심)	**✔ 레이저커터** • Laser Cutter 　– 레이저 커터 장비에 대한 기본적인 원리 설명 　– 비금속 레이저커터 중 보유 장비인 Speedy 360 장비의 차별성, 정밀도, 반복 속도 등의 특징 설명 　– 보유한 재료를 설명, 재료별 어떤 시제품을 창작, 생산할 수 있는지 강의 　– 정의 : 물질을 절단 및 각인을 위해 레이저를 사용하는 기술. 일반 산업체 및 제조업체, 학교, 메이커스, 기관등에서 완제품 및 중간제에 가공을 위해 사용된다. 작업소재에 따라 Fiber Laser, CO_2 Laser, UV Laser, Green Laser등으로 나뉘며 선택적으로 사용한다. 　– 원리 : 고출력 레이저 광원에서 발생된 빛 에너지를 광학렌즈를 통하여 일정한 초점거리에서 모아 가장 강한 빛 에너지를 만들고 CNC 기술과 접목하여 위치제어를 가능하게 한다. 일반적인 상용레이저는 모션제어 시스템을 사용 위치 제어하여 소재를 절단한다. 레이저 절단 시 Air 및 Gas를 선택적으로 사용하여 Burr를 최소화하고 고품질 절단면으로 작업한다. • 비금속 레이저커터 (Speedy 360) 　1) 안전교육 　　– 목적 : 장비 사용시 사용자 안전 확보 및 장비 유지, 보수 측면 　　– 내용 : 마스크 필수 착용 　　　　　　보안경 착용 권고 　　　　　　작업시 현장 이탈 불가 　　　　　　전용 배기시스템 작동 확인 　　– 활용 분야 : 아크릴 무드등 　　　　　　　　자동차 마킹, 커팅 　　　　　　　　시제품 디자인 제작 　　　　　　　　2D 개발자 키트 제작

구분	학습주제	학습목표 및 내용	강의시간 방법
9주	비금속레이저커터 장비 사용법과 응용 기술	• 오리엔테이션 (장비 소개) • 레이저커터에 대한 작동 원리 이해 • 비금속 레이저커터를 활용한 시제품 샘플 소개와 아이디어 현실화 교육, 안전 교육 진행 • 커팅, 각인, 로터리 등 장비 활용성 교육	9주 (3H) 강의/실습

강의안 슬라이드

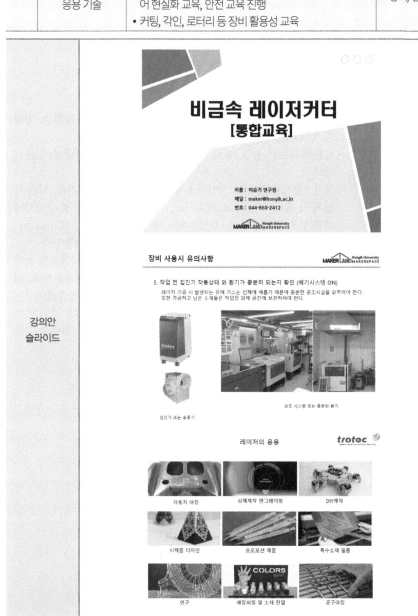

CHAPTER 02 주별 강의내용   151

구분	학습주제	학습목표 및 내용	강의시간 방법
9주	비금속레이저커터 장비 사용법과 응용 기술	• 오리엔테이션 (장비 소개) • 레이저커터에 대한 작동 원리 이해 • 비금속 레이저커터를 활용한 시제품 샘플 소개와 아이디어 현실화 교육, 안전 교육 진행 • 커팅, 각인, 로터리 등 장비 활용성 교육	9주 (3H) 강의/실습

<table>
<tr><td rowspan="2">강사가이드 및 학습내용(핵심)</td><td>

✔ 레이저커터

• Laser Cutter
  – 레이저 커터 장비에 대한 기본적인 원리 설명
  – 비금속 레이저커터 중 보유 장비인 Speedy 360 장비의 차별성, 정밀도, 반복 속도 등의 특징 설명
  – 보유한 재료를 설명, 재료별 어떤 시제품을 창작, 생산할 수 있는지 강의
  – 정의 : 물질을 절단 및 각인을 위해 레이저를 사용하는 기술. 일반 산업체 및 제조업체, 학교, 메이커스, 기관 등에서 완제품 및 중간제에 가공을 위해 사용된다. 작업소재에 따라 Fiber Laser, CO_2 Laser, UV Laser, Green Laser등으로 나뉘며 선택적으로 사용한다.
  – 원리 : 고출력 레이저 광원에서 발생된 빛 에너지를 광학렌즈를 통하여 일정한 초점거리에서 모아 가장 강한 빛 에너지를 만들고 CNC 기술과 접목하여 위치제어를 가능하게 한다. 일반적인 상용레이저는 모션제어 시스템을 사용 위치 제어하여 소재를 절단한다. 레이저 절단 시 Air 및 Gas를 선택적으로 사용하여 Burr를 최소화하고 고품질 절단면으로 작업한다.

• 비금속 레이저커터(Speedy 360)
  1) 안전교육
    – 목적 : 장비 사용시 사용자 안전 확보 및 장비 유지·보수 측면
    – 내용 : 마스크 필수 착용
            보안경 착용 권고
            작업시 현장 이탈 불가
            전용 배기시스템 작동 확인
    – 활용 분야 : 아크릴 무드등
                자동차 마킹, 커팅
                시제품 디자인 제작
                2D 개발자 키트 제작
</td></tr>
</table>

구분	학습주제	학습목표 및 내용	강의시간 방법
9주	비금속레이저커터 장비 사용법과 응용 기술	• 오리엔테이션 (장비 소개) • 레이저커터에 대한 작동 원리 이해 • 비금속 레이저커터를 활용한 시제품 샘플 소개와 아이디어 현실화 교육, 안전 교육 진행 • 커팅, 각인, 로터리 등 장비 활용성 교육	9주 (3H) 강의/실습

강의안
슬라이드

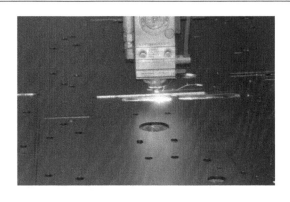

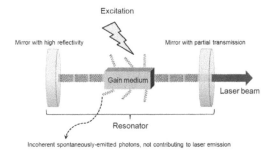

구분	학습주제	학습목표 및 내용	강의시간 방법
9주	비금속레이저커터 장비 사용법과 응용 기술	• 오리엔테이션 (장비 소개) • 레이저커터에 대한 작동 원리 이해 • 비금속 레이저커터를 활용한 시제품 샘플 소개와 아이디어 현실화 교육, 안전 교육 진행 • 커팅, 각인, 로터리 등 장비 활용성 교육	9주 (3H) 강의/실습

강사가이드 및 학습내용(핵심)	**✓ 레이저커터** • Laser Cutter 　– 레이저 커터 장비에 대한 기본적인 원리 설명 　– 비금속 레이저커터중 보유 장비인 Speedy 360 장비의 차별성, 정밀도, 반복 속도 등의 특징 설명 　– 보유한 재료를 설명, 재료별 어떤 시제품을 창작, 생산할 수 있는지 강의 　– 정의 : 물질을 절단 및 각인을 위해 레이저를 사용하는 기술. 일반 산업체 및 제조업체, 학교, 메이커스, 기관 등에서 완제품 및 중간제에 가공을 위해 사용된다. 작업소재에 따라 Fiber Laser, CO_2 Laser, UV Laser, Green Laser등으로 나뉘며 선택적으로 사용한다. 　– 원리 : 고출력 레이저 광원에서 발생된 빛 에너지를 광학렌즈를 통하여 일정한 초점거리에서 모아 가장 강한 빛 에너지를 만들고 CNC 기술과 접목하여 위치제어를 가능하게 한다. 일반적인 상용레이저는 모션제어 시스템을 사용 위치 제어하여 소재를 절단한다. 레이저 절단 시 Air 및 Gas를 선택적으로 사용하여 Burr를 최소화하고 고품질 절단면으로 작업한다. • 비금속 레이저커터(Speedy 360) 　1) 안전교육 　　– 목적 : 장비 사용시 사용자 안전 확보 및 장비 유지·보수 측면 　　– 내용 : 마스크 필수 착용 　　　　　　보안경 착용 권고 　　　　　　작업시 현장 이탈 불가 　　　　　　전용 배기시스템 작동 확인 　　– 활용 분야 : 아크릴 무드등 　　　　　　　　자동차 마킹, 커팅 　　　　　　　　시제품 디자인 제작 　　　　　　　　2D 개발자 키트 제작

구분	학습주제	학습목표 및 내용	강의시간 방법
9주	비금속레이저커터 장비 사용법과 응용 기술	• 오리엔테이션 (장비 소개) • 레이저커터에 대한 작동 원리 이해 • 비금속 레이저커터를 활용한 시제품 샘플 소개와 아이디어 현실화 교육, 안전 교육 진행 • 커팅, 각인, 로터리 등 장비 활용성 교육	9주 (3H) 강의/실습

강의안
슬라이드

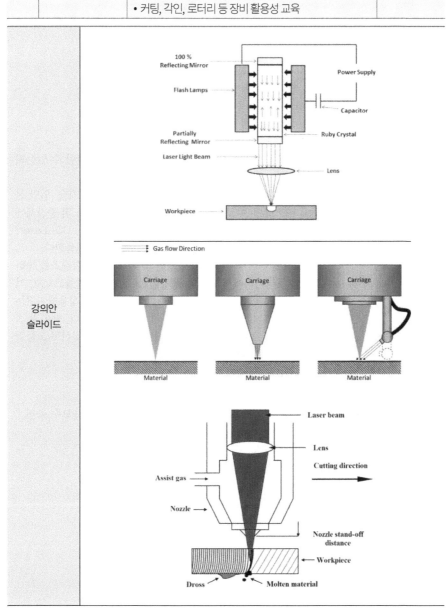

구분	학습주제	학습목표 및 내용	강의시간 방법
9주	비금속레이저커터 장비 사용법과 응용 기술	• 오리엔테이션 (장비 소개) • 레이저커터에 대한 작동 원리 이해 • 비금속 레이저커터를 활용한 시제품 샘플 소개와 아이디어 현실화 교육, 안전 교육 진행 • 커팅, 각인, 로터리 등 장비 활용성 교육	9주 (3H) 강의/실습

강사가이드 및 학습내용(핵심)	**✔ 레이저커터** • Laser Cutter 　– 레이저 커터 장비에 대한 기본적인 원리 설명 　– 비금속 레이저커터중 보유 장비인 Speedy 360 장비의 차별성, 정밀도, 반복 속도 등의 특징 설명 　– 보유한 재료를 설명, 재료별 어떤 시제품을 창작, 생산할 수 있는지 강의 　– 정의 : 물질을 절단 및 각인을 위해 레이저를 사용하는 기술. 일반 산업체 및 제조업체, 학교, 메이커스, 기관 등에서 완제품 및 중간제에 가공을 위해 사용된다. 작업소재에 따라 Fiber Laser, CO_2 Laser, UV Laser, Green Laser등으로 나뉘며 선택적으로 사용한다. 　– 원리 : 고출력 레이저 광원에서 발생된 빛 에너지를 광학렌즈를 통하여 일정한 초점거리에서 모아 가장 강한 빛 에너지를 만들고 CNC 기술과 접목하여 위치제어를 가능하게 한다. 일반적인 상용레이저는 모션제어 시스템을 사용 위치 제어하여 소재를 절단한다. 레이저 절단 시 Air 및 Gas를 선택적으로 사용하여 Burr를 최소화하고 고품질 절단면으로 작업한다. • 비금속 레이저커터(Speedy 360) 　1) 안전교육 　　– 목적 : 장비 사용시 사용자 안전 확보 및 장비 유지·보수 측면 　　– 내용 : 마스크 필수 착용 　　　　　　보안경 착용 권고 　　　　　　작업시 현장 이탈 불가 　　　　　　전용 배기시스템 작동 확인 　　– 활용 분야 : 아크릴 무드등 　　　　　　　　자동차 마킹, 커팅 　　　　　　　　시제품 디자인 제작 　　　　　　　　2D 개발자 키트 제작

구분	학습주제	학습목표 및 내용	강의시간 방법
10주	금속레이저커터 장비 사용법과 응용 기술	• 오리엔테이션 (장비 소개) • 레이저커터에 대한 작동 원리 이해 • 금속 레이저커터를 활용한 시제품 샘플 소개와 아이디어 현실화 교육, 안전 교육 진행 • 금속 재료 커팅을 통한 장비 활용성 교육	10주 (3H) 강의/실습

강의안
슬라이드

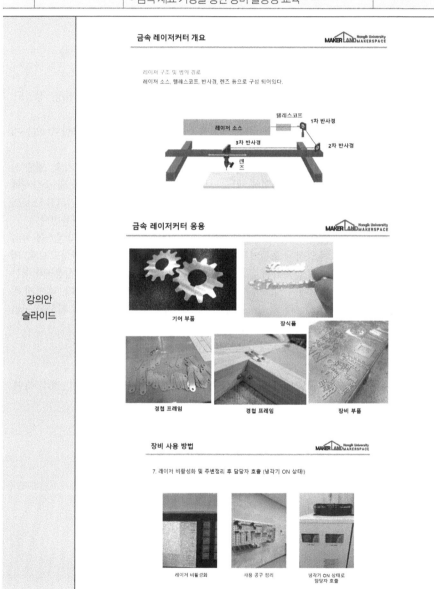

구분	학습주제	학습목표 및 내용	강의시간 방법
10주	금속레이저커터 장비 사용법과 응용 기술	• 오리엔테이션 (장비 소개) • 레이저커터에 대한 작동 원리 이해 • 금속 레이저커터를 활용한 시제품 샘플 소개와 아이디어 현실화 교육, 안전 교육 진행 • 금속 재료 커팅을 통한 장비 활용성 교육	10주 (3H) 강의/실습

강사가이드 및 학습내용(핵심)

✔ **레이저커터**

• Laser Cutter

‒ 레이저 커터 장비에 대한 기본적인 원리 설명

‒ 금속 레이저커터중 보유 장비인 LFC-1000 장비의 차별성, 정밀도, 반복 속도 등의 특징 설명

‒ 보유한 재료를 설명, 재료별 어떤 시제품을 창작, 생산할 수 있는지 강의

‒ 정의 : 물질을 절단 및 각인을 위해 레이저를 사용하는 기술. 일반 산업체 및 제조업체, 학교, 메이커스, 기관 등에서 완제품 및 중간제에 가공을 위해 사용된다. 작업소재에 따라 Fiber Laser, CO_2 Laser, UV Laser, Green Laser등으로 나뉘며 선택적으로 사용한다.

‒ 원리 : 고출력 레이저 광원에서 발생된 빛 에너지를 광학렌즈를 통하여 일정한 초점거리에서 모아 가장 강한 빛 에너지를 만들고 CNC 기술과 접목하여 위치제어를 가능하게 한다. 일반적인 상용레이저는 모션제어 시스템을 사용 위치 제어하여 소재를 절단한다. 레이저 절단 시 Air 및 Gas를 선택적으로 사용하여 Burr를 최소화하고 고품질 절단면으로 작업한다.

• 금속 레이저커터 (LFC-1000)

1) 안전교육

‒ 목적 : 장비 사용시 사용자 안전 확보 및 장비 유지, 보수 측면

‒ 내용 : 마스크 필수 착용

보안경 착용 권고

작업시 현장 이탈 불가

진용 배기시스템 직동 획인

‒ 활용 분야 : 금속 부품 제작

얇은 금속부품을 통한 악세사리 제작

합판 가공

자동차, 오토바이 부품 제작

구분	학습주제	학습목표 및 내용	강의시간 방법
11주	고속가공기, 사출성형기 장비 사용법과 응용 기술	• NC 가공기 활용을 위한 프로세스 이해하기 • NC 프로그램 작성 방법 이해하기 • 고속가공기(라우터 머신) 운영 방법 이해하기 • 사출성형기 활용을 위한 프로세스 이해하기 • 사출성형에 필요한 금형, 재료 이해하기	11주 (3H) 강의/실습

강의안 슬라이드	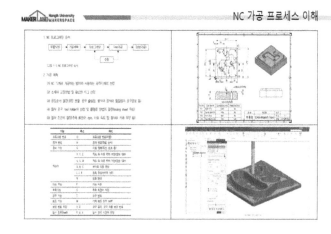

✔ **NC 가공기 활용 프로세스 이해**

강사가이드 및
학습내용(핵심)

• 부품 도면을 분석해서 절삭 가공 계획을 수립 : 황삭, 중삭, 정삭

• 가공 순서와 절삭 조건을 결정

• NC Code의 Address 의미 이해
  – 좌표어, 준비, 보조, 주축, 공구

• CAM 프로그램 활용 방법
  – 절삭용 공구 지정
  – 절삭 깊이, 방향, 접근 방법 설정

구분	학습주제	학습목표 및 내용	강의시간	방법
11주	고속가공기, 사출성형기 장비 사용법과 응용 기술	• NC 가공기 활용을 위한 프로세스 이해하기 • NC 프로그램 작성 방법 이해하기 • 고속가공기(라우터 머신) 운영 방법 이해하기 • 사출성형기 활용을 위한 프로세스 이해하기 • 사출성형에 필요한 금형, 재료 이해하기	11주 (3H) 강의/실습	

강의안 슬라이드	

✔ **NC 프로그램 이해 및 실습**

- Cutter Location Source 파일 이해

- NC Post Processing 이해
  - NC 컨트롤러에 적합한 코드 작성

- 절삭 가공을 위한 Setup 설정 실습
  - 공구 장착 및 길이 보정
  - 공작물 좌표계 설정

- 절삭 가공기 안전 준수 사항
  - 동작 중인 기계에 접근하지 말 것
  - 칩이 발생하는 경우는 보안경 착용

(강사가이드 및 학습내용(핵심))

구분	학습주제	학습목표 및 내용	강의시간 방법
11주	고속가공기, 사출성형기 장비 사용법과 응용 기술	• NC 가공기 활용을 위한 프로세스 이해하기 • NC 프로그램 작성 방법 이해하기 • 고속가공기(라우터 머신) 운영 방법 이해하기 • 사출성형기 활용을 위한 프로세스 이해하기 • 사출성형에 필요한 금형, 재료 이해하기	11주 (3H) 강의/실습

강의안 슬라이드	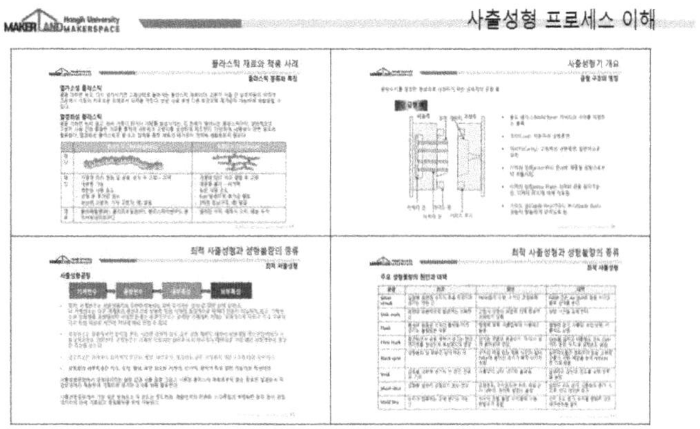

✔ 사출성형 프로세스 이해

- 플라스틱 분류와 특징 이해
  - 열가소성, 열경화성 종류
- 사출성형 금형 구조, 기능 이해
  - Mold Base, Core, Cavity
  - Ejector Pin, Ejector Plate
  - Guide Pin, Guide Bush
- 사출성형 공정의 변수 이해
  - 성형기, 공정 변수, 내부, 외부 특성
- 사출성형 불량 종류 및 대책 이해
  - 주요 성형불량의 원인과 대책

강사가이드 및
학습내용(핵심)

구분	학습주제	학습목표 및 내용	강의시간 방법
11주	고속가공기, 사출성형기 장비 사용법과 응용 기술	• NC 가공기 활용을 위한 프로세스 이해하기 • NC 프로그램 작성 방법 이해하기 • 고속가공기(라우터 머신) 운영 방법 이해하기 • 사출성형기 활용을 위한 프로세스 이해하기 • 사출성형에 필요한 금형, 재료 이해하기	11주 (3H) 강의/실습

강의안 슬라이드	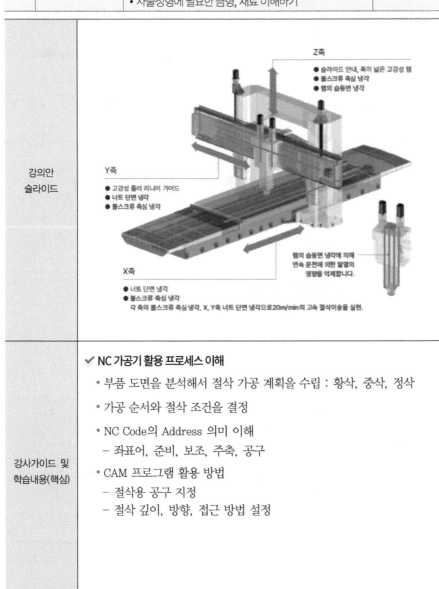

강사가이드 및
학습내용(핵심)
	✔ **NC 가공기 활용 프로세스 이해**
	
	• 부품 도면을 분석해서 절삭 가공 계획을 수립 : 황삭, 중삭, 정삭
	
	• 가공 순서와 절삭 조건을 결정
	
	• NC Code의 Address 의미 이해
	   – 좌표어, 준비, 보조, 주축, 공구
	• CAM 프로그램 활용 방법
	   – 절삭용 공구 지정
	   – 절삭 깊이, 방향, 접근 방법 설정

구분	학습주제	학습목표 및 내용	강의시간 방법
11주	고속가공기, 사출성형기 장비 사용법과 응용 기술	• NC 가공기 활용을 위한 프로세스 이해하기 • NC 프로그램 작성 방법 이해하기 • 고속가공기(라우터 머신) 운영 방법 이해하기 • 사출성형기 활용을 위한 프로세스 이해하기 • 사출성형에 필요한 금형, 재료 이해하기	11주 (3H) 강의/실습

강의안 슬라이드	

강사가이드 및 학습내용(핵심)	✔ **NC 프로그램 이해 및 실습**
	
	• Cutter Location Source 파일 이해
	
	• NC Post Processing 이해
	  – NC 컨트롤러에 적합한 코드 작성
	
	• 절삭 가공을 위한 Setup 설정 실습
	  – 공구 장착 및 길이 보정
	  – 공작물 좌표계 설정
	
	• 절삭 가공기 안전 준수 사항
	  – 동작 중인 기계에 접근하지 말 것
	  – 칩이 발생하는 경우는 보안경 착용

구분	학습주제	학습목표 및 내용	강의시간 방법
11주	고속가공기, 사출성형기 장비 사용법과 응용 기술	• NC 가공기 활용을 위한 프로세스 이해하기 • NC 프로그램 작성 방법 이해하기 • 고속가공기(라우터 머신) 운영 방법 이해하기 • 사출성형기 활용을 위한 프로세스 이해하기 • 사출성형에 필요한 금형, 재료 이해하기	11주 (3H) 강의/실습

강의안 슬라이드	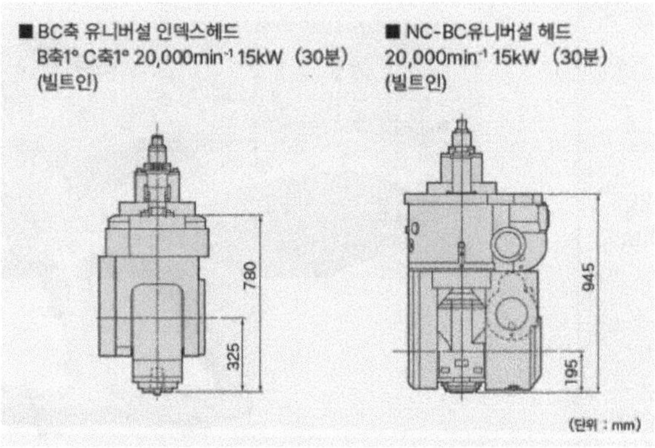 ■ BC축 유니버설 인덱스헤드 B축1° C축1° 20,000min⁻¹ 15kW （30분） (빌트인)　　　■ NC-BC유니버설 헤드 20,000min⁻¹ 15kW （30분） (빌트인) (단위 : mm)
강사가이드 및 학습내용(핵심)	✓ **사출성형 프로세스 이해** • 플라스틱 분류와 특징 이해 　– 열가소성, 열경화성 종류 • 사출성형 금형 구조, 기능 이해 　– Mold Base, Core, Cavity 　– Ejector Pin, Ejector Plate 　– Guide Pin, Guide Bush • 사출성형 공정의 변수 이해 　– 성형기, 공정 변수, 내부, 외부 특성 • 사출성형 불량 종류 및 대책 이해 　– 주요 성형불량의 원인과 대책

구분	학습주제	학습목표 및 내용	강의시간 방법
11주	고속가공기, 사출성형기 장비 사용법과 응용 기술	• NC 가공기 활용을 위한 프로세스 이해하기 • NC 프로그램 작성 방법 이해하기 • 고속가공기(라우터 머신) 운영 방법 이해하기 • 사출성형기 활용을 위한 프로세스 이해하기 • 사출성형에 필요한 금형, 재료 이해하기	11주 (3H) 강의/실습

강의안 슬라이드	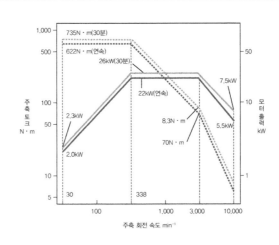

강사가이드 및 학습내용(핵심)	✔ **NC 가공기 활용 프로세스 이해**
	
	• 부품 도면을 분석해서 절삭 가공 계획을 수립 : 황삭, 중삭, 정삭
	
	• 가공 순서와 절삭 조건을 결정
	
	• NC Code의 Address 의미 이해
	  – 좌표어, 준비, 보조, 주축, 공구
	
	• CAM 프로그램 활용 방법
	  – 절삭용 공구 지정
	  – 절삭 깊이, 방향, 접근 방법 설정

구분	학습주제	학습목표 및 내용	강의시간 방법
11주	고속가공기, 사출성형기 장비 사용법과 응용 기술	• NC 가공기 활용을 위한 프로세스 이해하기 • NC 프로그램 작성 방법 이해하기 • 고속가공기(라우터 머신) 운영 방법 이해하기 • 사출성형기 활용을 위한 프로세스 이해하기 • 사출성형에 필요한 금형, 재료 이해하기	11주 (3H) 강의/실습

강의안 슬라이드	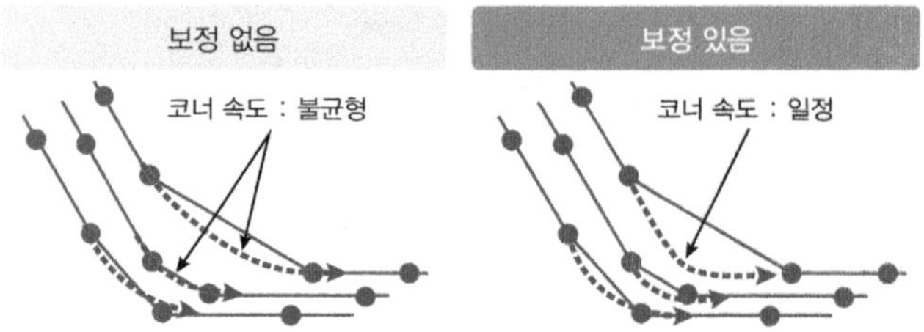

강사가이드 및 학습내용(핵심)

✔ **NC 프로그램 이해 및 실습**

• Cutter Location Source 파일 이해

• NC Post Processing 이해
  – NC 컨트롤러에 적합한 코드 작성

• 절삭 가공을 위한 Setup 설정 실습
  – 공구 장착 및 길이 보정
  – 공작물 좌표계 설정

• 절삭 가공기 안전 준수 사항
  – 동작 중인 기계에 접근하지 말 것
  – 칩이 발생하는 경우는 보안경 착용

구분	학습주제	학습목표 및 내용	강의시간 방법
11주	고속가공기, 사출성형기 장비 사용법과 응용 기술	• NC 가공기 활용을 위한 프로세스 이해하기 • NC 프로그램 작성 방법 이해하기 • 고속가공기(라우터 머신) 운영 방법 이해하기 • 사출성형기 활용을 위한 프로세스 이해하기 • 사출성형에 필요한 금형, 재료 이해하기	11주 (3H) 강의/실습

강의안 슬라이드	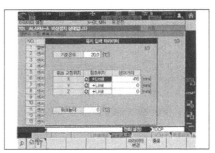 ▲ 그림 5. 워크 고정위치 설정화면 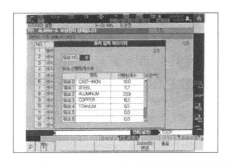

강사가이드 및 학습내용(핵심)	✔ **사출성형 프로세스 이해**
	• 플라스틱 분류와 특징 이해
	  – 열가소성, 열경화성 종류
	• 사출성형 금형 구조, 기능 이해
	  – Mold Base, Core, Cavity
	  – Ejector Pin, Ejector Plate
	  – Guide Pin, Guide Bush
	• 사출성형 공정의 변수 이해
	  – 성형기, 공정 변수, 내부, 외부 특성
	• 사출성형 불량 종류 및 대책 이해
	  – 주요 성형불량의 원인과 대책

구분	학습주제	학습목표 및 내용	강의시간 방법
11주	고속가공기, 사출성형기 장비 사용법과 응용 기술	• NC 가공기 활용을 위한 프로세스 이해하기 • NC 프로그램 작성 방법 이해하기 • 고속가공기(라우터 머신) 운영 방법 이해하기 • 사출성형기 활용을 위한 프로세스 이해하기 • 사출성형에 필요한 금형, 재료 이해하기	11주 (3H) 강의/실습

강의안 슬라이드	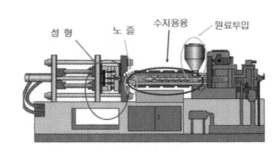

강사가이드 및 학습내용(핵심)

✔ **NC 가공기 활용 프로세스 이해**

• 부품 도면을 분석해서 절삭 가공 계획을 수립 : 황삭, 중삭, 정삭

• 가공 순서와 절삭 조건을 결정

• NC Code의 Address 의미 이해
  – 좌표어, 준비, 보조, 주축, 공구

• CAM 프로그램 활용 방법
  – 절삭용 공구 지정
  – 절삭 깊이, 방향, 접근 방법 설정

구분	학습주제	학습목표 및 내용	강의시간 방법
11주	고속가공기, 사출성형기 장비 사용법과 응용 기술	• NC 가공기 활용을 위한 프로세스 이해하기 • NC 프로그램 작성 방법 이해하기 • 고속가공기(라우터 머신) 운영 방법 이해하기 • 사출성형기 활용을 위한 프로세스 이해하기 • 사출성형에 필요한 금형, 재료 이해하기	11주 (3H) 강의/실습

강의안 슬라이드	**사출성형/원리도** 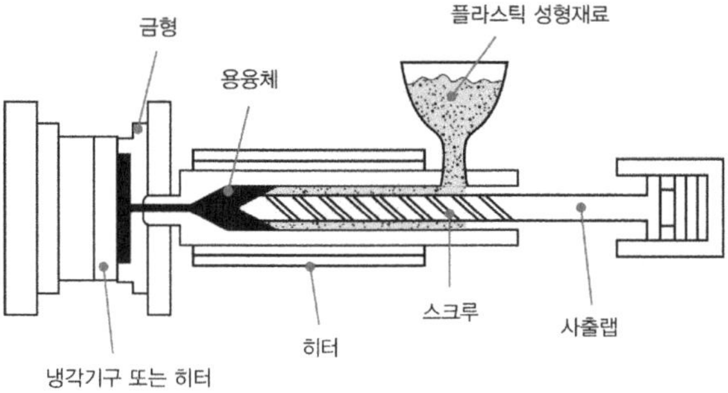 금형 용융체 플라스틱 성형재료 스크루 사출랩 히터 냉각기구 또는 히터

강사가이드 및
학습내용(핵심)
	✔ NC 프로그램 이해 및 실습
	
	• Cutter Location Source 파일 이해
	
	• NC Post Processing 이해
	  – NC 컨트롤러에 적합한 코드 작성
	
	• 절삭 가공을 위한 Setup 설정 실습
	  – 공구 장착 및 길이 보정
	  – 공작물 좌표계 설정
	
	• 절삭 가공기 안전 준수 사항
	  – 동작 중인 기계에 접근하지 말 것
	  – 칩이 발생하는 경우는 보안경 착용

구분	학습주제	학습목표 및 내용	강의시간 방법
11주	고속가공기, 사출성형기 장비 사용법과 응용 기술	• NC 가공기 활용을 위한 프로세스 이해하기 • NC 프로그램 작성 방법 이해하기 • 고속가공기(라우터 머신) 운영 방법 이해하기 • 사출성형기 활용을 위한 프로세스 이해하기 • 사출성형에 필요한 금형, 재료 이해하기	11주 (3H) 강의/실습

강의안 슬라이드	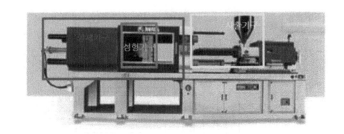

강사가이드 및 학습내용(핵심)	✔ **사출성형 프로세스 이해**
	
	• 플라스틱 분류와 특징 이해
	  – 열가소성, 열경화성 종류
	• 사출성형 금형 구조, 기능 이해
	  – Mold Base, Core, Cavity
	  – Ejector Pin, Ejector Plate
	  – Guide Pin, Guide Bush
	• 사출성형 공정의 변수 이해
	  – 성형기, 공정 변수, 내부, 외부 특성
	• 사출성형 불량 종류 및 대책 이해
	  – 주요 성형불량의 원인과 대책

구분	학습주제	학습목표 및 내용	강의시간 방법
12주	진공성형기, 진공주형기 장비 사용법과 응용 기술	• 진공성형기 활용을 위한 공법 이해하기 • 진공성형에 필요한 몰드 제작 방법 이해하기 • 진공성형기 활용을 위한 안전 준수 사항 및 실습 • 진공주형기 활용을 위한 공법 이해하기 • 진공주형에 필요한 마스터 모델, 재료, 프로세스 이해하기	12주 (3H) 강의/실습

강의안 슬라이드	

강사가이드 및 학습내용(핵심)	

✓ 진공성형 공법 이해

• '진공성형'과 '멤브레인성형' 이해
  - 플라스틱 재료 성형 공법 비교

• 진공 성형기의 작동 원리와 재료
  - 열가소성 플라스틱 재료의 종류

• 진공 성형의 장점과 단점 이해
  - 장점 : 다품종 소량 생산
  - 단점 : 후가공 필수, 소재 한정

• 진공 성형용 몰드의 제작 방법
  - 몰드 재료, 언더컷, 진공 홀

구분	학습주제	학습목표 및 내용	강의시간 방법
12주	진공성형기, 진공주형기 장비 사용법과 응용 기술	• 진공성형기 활용을 위한 공법 이해하기 • 진공성형에 필요한 몰드 제작 방법 이해하기 • 진공성형기 활용을 위한 안전 준수 사항 및 실습 • 진공주형기 활용을 위한 공법 이해하기 • 진공주형에 필요한 마스터 모델, 재료, 프로세스 이해하기	12주 (3H) 강의/실습

강의안 슬라이드	

✔ 진공성형기 작동 방법 및 실습

강사가이드 및 학습내용(핵심)	• 진공성형기의 구성 부품 이해 　– 히터 램프, 작업 베드, 클램프, 레버 • 진공성형기 작동을 위한 안전 준수 　– 사용 전 안전장갑 착용, 화상 주의 • 진공 성형 작업 순서 및 실습 　– 몰드 준비, 온도 설정, 재료 장착 　– 재료 승온 및 처짐 상태 점검 　– 진공 펌프 On/Off, 성형물 분리 • 멤브레인 성형 작업 순서 및 실습

구분	학습주제	학습목표 및 내용	강의시간 방법
12주	진공성형기, 진공주형기 장비 사용법과 응용 기술	• 진공성형기 활용을 위한 공법 이해하기 • 진공성형에 필요한 몰드 제작 방법 이해하기 • 진공성형기 활용을 위한 안전 준수 사항 및 실습 • 진공주형기 활용을 위한 공법 이해하기 • 진공주형에 필요한 마스터 모델, 재료, 프로세스 이해하기	12주 (3H) 강의/실습

강의안 슬라이드	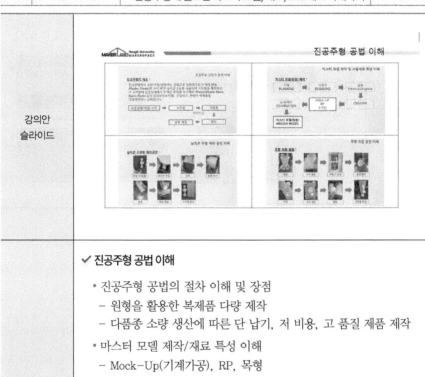
강사가이드 및 학습내용(핵심)	**✔ 진공주형 공법 이해** • 진공주형 공법의 절차 이해 및 장점 　– 원형을 활용한 복제품 다량 제작 　– 다품종 소량 생산에 따른 단 납기, 저 비용, 고 품질 제품 제작 • 마스터 모델 제작/재료 특성 이해 　– Mock-Up(기계가공), RP, 목형 • 실리콘 금형 제작/재료 특성 이해 　– 마스터 모델을 활용한 제작 절차 및 실리콘 재료의 특성 • 주형작업 공정 이해/재료 특성 이해 　– 형합, 개량, 혼합, 주형, 탈포, 탈형

구분	학습주제	학습목표 및 내용	강의시간 방법
12주	진공성형기, 진공주형기 장비 사용법과 응용 기술	• 진공성형기 활용을 위한 공법 이해하기 • 진공성형에 필요한 몰드 제작 방법 이해하기 • 진공성형기 활용을 위한 안전 준수 사항 및 실습 • 진공주형기 활용을 위한 공법 이해하기 • 진공주형에 필요한 마스터 모델, 재료, 프로세스 이해하기	12주 (3H) 강의/실습

강의안 슬라이드	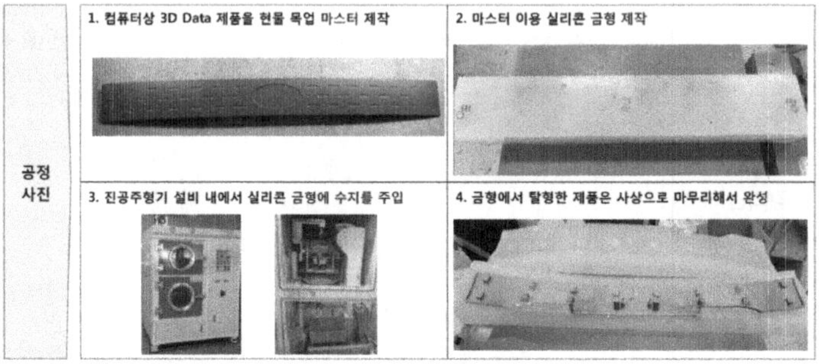 공정 사진	

1. 컴퓨터상 3D Data 제품을 현물 목업 마스터 제작
2. 마스터 이용 실리콘 금형 제작
3. 진공주형기 설비 내에서 실리콘 금형에 수지를 주입
4. 금형에서 탈형한 제품은 사상으로 마무리해서 완성

강사가이드 및 학습내용(핵심)

✔ **진공성형 공법 이해**

- '진공성형'과 '멤브레인성형' 이해
  - 플라스틱 재료 성형 공법 비교
- 진공 성형기의 작동 원리와 재료
  - 열가소성 플라스틱 재료의 종류
- 진공 성형의 장점과 단점 이해
  - 장점 : 다품종 소량 생산
  - 단점 : 후가공 필수, 소재 한정
- 진공 성형용 몰드의 제작 방법
  - 몰드 재료, 언더컷, 진공 홀

구분	학습주제	학습목표 및 내용	강의시간 방법
12주	진공성형기, 진공주형기 장비 사용법과 응용 기술	• 진공성형기 활용을 위한 공법 이해하기 • 진공성형에 필요한 몰드 제작 방법 이해하기 • 진공성형기 활용을 위한 안전 준수 사항 및 실습 • 진공주형기 활용을 위한 공법 이해하기 • 진공주형에 필요한 마스터 모델, 재료, 프로세스 이해하기	12주 (3H) 강의/실습

강의안 슬라이드	

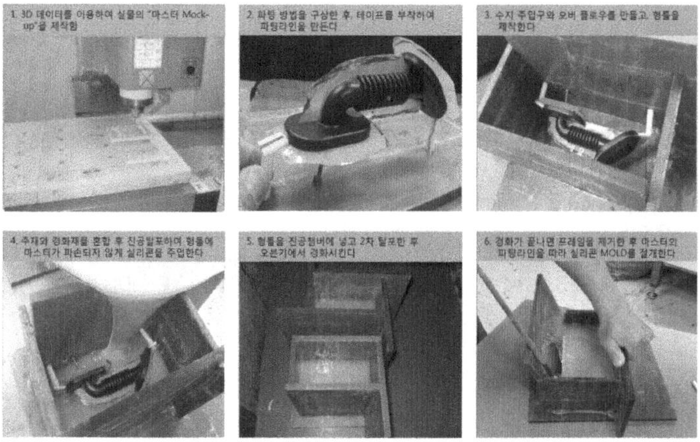

강사가이드 및 학습내용(핵심)

✓ **진공성형기 작동 방법 및 실습**

• 진공성형기의 구성 부품 이해
  - 히터 램프, 작업 베드, 클램프, 레버

• 진공성형기 작동을 위한 안전 준수
  - 사용 전 안전장갑 착용, 화상 주의

• 진공 성형 작업 순서 및 실습
  - 몰드 준비, 온도 설정, 재료 장착
  - 재료 승온 및 처짐 상태 점검
  - 진공 펌프 On/Off, 성형물 분리

• 멤브레인 성형 작업 순서 및 실습

구분	학습주제	학습목표 및 내용	강의시간 방법
12주	진공성형기, 진공주형기 장비 사용법과 응용 기술	• 진공성형기 활용을 위한 공법 이해하기 • 진공성형에 필요한 몰드 제작 방법 이해하기 • 진공성형기 활용을 위한 안전 준수 사항 및 실습 • 진공주형기 활용을 위한 공법 이해하기 • 진공주형에 필요한 마스터 모델, 재료, 프로세스 이해하기	12주 (3H) 강의/실습

**강의안
슬라이드**

**강사가이드 및
학습내용(핵심)**

✔ **진공주형 공법 이해**

- 진공주형 공법의 절차 이해 및 장점
  - 원형을 활용한 복제품 다량 제작
  - 다품종 소량 생산에 따른 단 납기, 저 비용, 고 품질 제품 제작
- 마스터 모델 제작/재료 특성 이해
  - Mock-Up(기계가공), RP, 목형
- 실리콘 금형 제작/재료 특성 이해
  - 마스터 모델을 활용한 제작 절차 및 실리콘 재료의 특성
- 주형작업 공정 이해/재료 특성 이해
  - 형합, 개량, 혼합, 주형, 탈포, 탈형

구분	학습주제	학습목표 및 내용	강의시간 방법
12주	진공성형기, 진공주형기 장비 사용법과 응용 기술	• 진공성형기 활용을 위한 공법 이해하기 • 진공성형에 필요한 몰드 제작 방법 이해하기 • 진공성형기 활용을 위한 안전 준수 사항 및 실습 • 진공주형기 활용을 위한 공법 이해하기 • 진공주형에 필요한 마스터 모델, 재료, 프로세스 이해하기	12주 (3H) 강의/실습

강의안 슬라이드	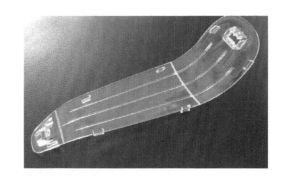

강사가이드 및
학습내용(핵심)
	✔ **진공성형 공법 이해**
	
	• '진공성형'과 '멤브레인성형' 이해
	  – 플라스틱 재료 성형 공법 비교
	• 진공 성형기의 작동 원리와 재료
	  – 열가소성 플라스틱 재료의 종류
	• 진공 성형의 장점과 단점 이해
	  – 장점 : 다품종 소량 생산
	  – 단점 : 후가공 필수, 소재 한정
	• 진공 성형용 몰드의 제작 방법
	  – 몰드 재료, 언더컷, 진공 홀

구분	학습주제	학습목표 및 내용	강의시간 방법
12주	진공성형기, 진공주형기 장비 사용법과 응용 기술	• 진공성형기 활용을 위한 공법 이해하기 • 진공성형에 필요한 몰드 제작 방법 이해하기 • 진공성형기 활용을 위한 안전 준수 사항 및 실습 • 진공주형기 활용을 위한 공법 이해하기 • 진공주형에 필요한 마스터 모델, 재료, 프로세스 이해하기	12주 (3H) 강의/실습

강의안 슬라이드	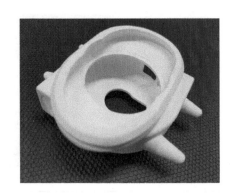

**강사가이드 및
학습내용(핵심)**

✔ **진공성형기 작동 방법 및 실습**

- 진공성형기의 구성 부품 이해
  - 히터 램프, 작업 베드, 클램프, 레버
- 진공성형기 작동을 위한 안전 준수
  - 사용 전 안전장갑 착용, 화상 주의
- 진공 성형 작업 순서 및 실습
  - 몰드 준비, 온도 설정, 재료 장착
  - 재료 승온 및 처짐 상태 점검
  - 진공 펌프 On/Off, 성형물 분리
- 멤브레인 성형 작업 순서 및 실습

구분	학습주제	학습목표 및 내용	강의시간 방법
12주	진공성형기, 진공주형기 장비 사용법과 응용 기술	• 진공성형기 활용을 위한 공법 이해하기 • 진공성형에 필요한 몰드 제작 방법 이해하기 • 진공성형기 활용을 위한 안전 준수 사항 및 실습 • 진공주형기 활용을 위한 공법 이해하기 • 진공주형에 필요한 마스터 모델, 재료, 프로세스 이해하기	12주 (3H) 강의/실습

강의안 슬라이드	

강사가이드 및
학습내용(핵심)
	✔ **진공주형 공법 이해**
	
	• 진공주형 공법의 절차 이해 및 장점
	  – 원형을 활용한 복제품 다량 제작
	  – 다품종 소량 생산에 따른 단 납기, 저 비용, 고 품질 제품 제작
	• 마스터 모델 제작/재료 특성 이해
	  – Mock-Up(기계가공), RP, 목형
	• 실리콘 금형 제작/재료 특성 이해
	  – 마스터 모델을 활용한 제작 절차 및 실리콘 재료의 특성
	• 주형작업 공정 이해/재료 특성 이해
	  – 형합, 개량, 혼합, 주형, 탈포, 탈형

구분	학습주제	학습목표 및 내용	강의시간 방법
12주	진공성형기, 진공주형기 장비 사용법과 응용 기술	• 진공성형기 활용을 위한 공법 이해하기 • 진공성형에 필요한 몰드 제작 방법 이해하기 • 진공성형기 활용을 위한 안전 준수 사항 및 실습 • 진공주형기 활용을 위한 공법 이해하기 • 진공주형에 필요한 마스터 모델, 재료, 프로세스 이해하기	12주 (3H) 강의/실습

강의안 슬라이드	

강사가이드 및
학습내용(핵심)
	✔ 진공성형 공법 이해
	
	• '진공성형'과 '멤브레인성형' 이해
	  – 플라스틱 재료 성형 공법 비교
	• 진공 성형기의 작동 원리와 재료
	  – 열가소성 플라스틱 재료의 종류
	• 진공 성형의 장점과 단점 이해
	  – 장점 : 다품종 소량 생산
	  – 단점 : 후가공 필수, 소재 한정
	• 진공 성형용 몰드의 제작 방법
	  – 몰드 재료, 언더컷, 진공 홀

구분	학습주제	학습목표 및 내용	강의시간 방법
12주	진공성형기, 진공주형기 장비 사용법과 응용 기술	• 진공성형기 활용을 위한 공법 이해하기 • 진공성형에 필요한 몰드 제작 방법 이해하기 • 진공성형기 활용을 위한 안전 준수 사항 및 실습 • 진공주형기 활용을 위한 공법 이해하기 • 진공주형에 필요한 마스터 모델, 재료, 프로세스 이해하기	12주 (3H) 강의/실습

강의안 슬라이드	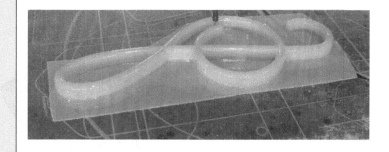

강사가이드 및 학습내용(핵심)	**✓ 진공성형기 작동 방법 및 실습**
	• 진공성형기의 구성 부품 이해
	   – 히터 램프, 작업 베드, 클램프, 레버
	• 진공성형기 작동을 위한 안전 준수
	   – 사용 전 안전장갑 착용, 화상 주의
	• 진공 성형 작업 순서 및 실습
	   – 몰드 준비, 온도 설정, 재료 장착
	   – 재료 승온 및 처짐 상태 점검
	   – 진공 펌프 On/Off, 성형물 분리
	• 멤브레인 성형 작업 순서 및 실습

구분	학습주제	학습목표 및 내용	강의시간 방법
12주	진공성형기, 진공주형기 장비 사용법과 응용 기술	• 진공성형기 활용을 위한 공법 이해하기 • 진공성형에 필요한 몰드 제작 방법 이해하기 • 진공성형 활용을 위한 안전 준수 사항 및 실습 • 진공주형기 활용을 위한 공법 이해하기 • 진공주형에 필요한 마스터 모델, 재료, 프로세스 이해하기	12주 (3H) 강의/실습

강의안 슬라이드	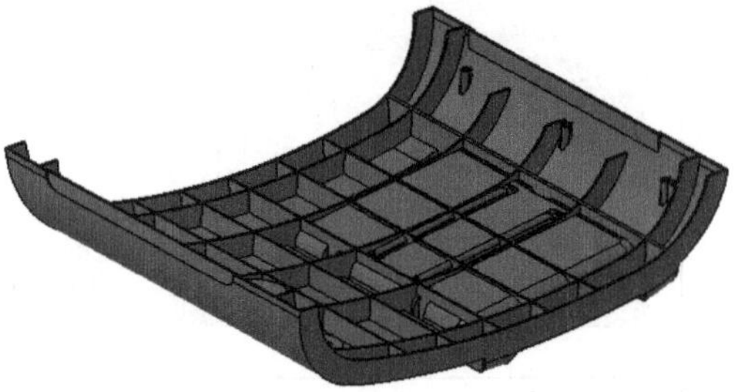 제품디자인을 완성 후 진공주형 제품
강사가이드 및 학습내용(핵심)	✔ **진공주형 공법 이해** • 진공주형 공법의 절차 이해 및 장점 　– 원형을 활용한 복제품 다량 제작 　– 다품종 소량 생산에 따른 단 납기, 저 비용, 고 품질 제품 제작 • 마스터 모델 제작/재료 특성 이해 　– Mock-Up(기계가공), RP, 목형 • 실리콘 금형 제작/재료 특성 이해 　– 마스터 모델을 활용한 제작 절차 및 실리콘 재료의 특성 • 주형작업 공정 이해/재료 특성 이해 　– 형합, 개량, 혼합, 주형, 탈포, 탈형

구분	학습주제	학습목표 및 내용	강의시간 방법
13주 ~ 15주	장비 활용을 통한 Running 과제 창작	• 교과 과정 중 교육생 스스로 기획한 창업 아이디어의 시제품 제작 • 팀별 시제품 개발 및 평가	13~15주 (9H) 시제품 제작 / 발표회 및 평가

강의안 슬라이드	□ 시제품 (prototype)의 탄생과 그 의미 기존의 지식 → 과학적 호기심 → 가설 → 논리적 분석 → 종합 1단계 아이디어 만들기 → 2단계 실행하기 → 3단계 테스트하기 공학설계 프로세스 1단계 문제정의 → 2단계 정보수집 → 3단계 해결책 생성 → 4단계 분석과 선택 → 5단계 프로토타입 만들기 → 6단계 테스트와 성능개선 → 7단계 설계구현과 생산계획
강사가이드 및 학습내용(핵심)	✔ **창업 아이디어의 시제품 제작** • 창업 과정의 출발 중요성 • 시제품 기획, 개념설계(왜 이 제품을 만들고 있나) • 어떤 문제를 해결하고 있나 이것이 시장에서 얼마만큼 절실한가 • 보유 장비를 활용한 자주 제작

구분	학습주제	학습목표 및 내용	강의시간 방법
13주 ~ 15주	장비 활용을 통한 Running 과제 창작	• 교과 과정 중 교육생 스스로 기획한 창업 아이디어의 시제품 제작 • 팀별 시제품 개발 및 평가	13~15주 (9H) 시제품 제작 / 발표회 및 평가

강의안 슬라이드	- 평가표(예시)

평가 항목 및 배점 기준

구 분		세부항목(배점)

서면평가

아이디어 (30점)

◦ 아이디어의 참신성 및 독창성(20점)

구분	매우 우수	우수	보통	미흡	부족
점수	20	16	12	8	4

◦ 창업 적합성(10점)

구분	매우 적합	적합	보통	미흡	부족
점수	10	8	6	4	2

성장 가능성 (30점)

◦ 성장 가능성(20점)

구분	매우 우수	우수	보통	미흡	매우 미흡
점수	20	16	12	8	4

◦ 파급효과(10점)

구분	매우 우수	우수	보통	미흡	부족
점수	10	8	6	4	2

역량 (30점)

◦ 발표 자료 작성의 충실성(10점)

구분	매우 우수	우수	보통	미흡	매우 미흡
점수	10	8	6	4	2

◦ 발표 자료 명확성(10점)

구분	매우 우수	우수	보통	미흡	매우 미흡
점수	10	8	6	4	2

◦ 전문성(기술력 등) 및 준비 정도(10점)

구분	매우 우수	우수	보통	미흡	매우 미흡
점수	10	8	6	4	2

열정 (10점)

◦ 창업에 대한 열정(10점)

구분	매우 높음	높음	보통	부족
점수	10	8	6	4

계	100

강사가이드 및 학습내용(핵심)	

✔ **발표회 및 시제품 평가**

• 시제품 발표회
  – 아이디어 독창성
  – 시장성
  – 원가 측면

• 시제품 평가
  – 평가 위원 구성
  – 평가표에 의한 다중 평가

CHAPTER **03**

교과목달성

정성적 목표 달성 정도

- 홍익메이커랜드의 제반 공작기계·기구를 활용하여 아이디어의 시제품화, 이를 통하여 창의성의 실현을 이뤄내는 창의성의 구현 역량 달성목표

  - 실제 창업에 필요한 다양한 초기역량 중 프로토타입과 시제품, MVP개발 과 활용으로 창업의 실질적 도전의지 함양과 학내 제조창업의 획기적 증진
  - 개인 및 팀프로젝트를 통하여 서로 다른 분야에 대해 깊이 지식과 이해 기반으로 소통역량을 갖추어 시장을 탐색하고, 시제품 기회를 발굴하여 새로운 가치를 창출하는 그 자체가 창의성 향상

- 본 신설 현장중심 교육과정 개설을 통하여, 창업에 필요한 창의융합 역량으로 도전(Challenge), 창의성(Creativity), 수월성(Capacity), 융합(Convergence), 역량 달성

< 역량의 정의 >

도전(Challenge)역량

메이커를 위한 기계·기구활용 및 작동 습득을 활용한 아이디어의 제작(시제품) 역량을 활용한 창업실행과정에서 부딪치는 수많은 어려움에도 굴하지 않고 도전적으로 창업아이템을 발굴하고, 개척할 수 있는 열정과 패기의 도전역량

창의성(Creativity)역량

아이디어와 비즈니스모델 구현의 시제품, MVP등 초도 시장 fit 수행역량을 기반한 창업실행에서 요구되는 다양한 형태의 시장문제해결을 위한 새로운 시도의 방법을 수행할 수 있는 능동적인 수행역량

창업역량(Corporationship)역량

팀활동과 단계적인 (초급, 중급, 전문) 기계·기구활용 습득을 통한 기업가적역량과 현장(기업)과 함께 하는 협력역량으로 다양한 기회포착과 실행역량

융합(Convergence)역량

아이디어의 시제품화와 개별 및 팀 프로젝트 수행과정에서 요구되는 다양한 지식과 기술의 융합형 사고습득과 가치창출 실행역량

• 본 교과에서는 메이커문화 확산과 메이커의 개념관련 영역, 기술창업에 요구되는 기업가정신 사업화 분야, 공작활용, 시제품등 제반 개발에 필요한 지식재산영역과, 공작기계기구 의 초급, 중급, 제조창업으로 단계별 제공되는 장비 현장실습으로 구성됨

• 성취도 평가는 정성과 정량, 시제품을 포함 진행하는 것을 원칙으로 하며, 개인 또는 팀단위 평가와 강좌 기간 중 창의적 시제품을 생각하고 도면화하여 실제 장비 교육을 받은 것을 바탕으로 직접 제작하게 하여 시제품으로 학점 평가를 기본으로 함

  – 또한 창의적 아이디어의 창출영역과 기구제작 역량영역은 담당교수, 팀티칭 참여교수 현장실습평가를 반영

CHAPTER **04**

창의성과
비즈니스 아이디어

비즈니스 세계에서 멋진 남자라고 알려진 것처럼, Pierre는 성공적인 사업의 비결로 개개인의 가치를 중요시했다. 그의 사업구조는 경쟁자들의 사업구조와는 확연히 달랐는데, 이는 자사에 의한 통제가 약했기 때문이다. eBay는 웹사이트의 디자인에 대해서는 통제를 했지만 모든 제품에 대해서는 공간을 사용하는 소비자가 스스로 부과하도록 하였다. 전통적으로 소매업자가 고객의 경험에 영향을 주기 위해 사용하였던 방법들을 사용하지 않았다. 이는 다소 위험해 보였으나 eBay의 사용자들은 상호 간 소통과 eBay에 없다시피 한 규제를 통해 서로 통제하고 조절했다. 이러한 통제는 사용자들이 한번 특정 사용자에게 나쁜 경험을 가진다면, 그와는 다시 거래를 하지 않도록 했다. 한 사람이 다른 모두를 통제할 수 없기 때문에 이러한 믿음을 가졌다. 가능한 한 가지는 사람들로 하여금 채택하도록 하는 시스템을 갖추고, 소비자가 이러한 시스템을 채택하는 방법은 그들이 이러한 것들이 가치 있다고 믿게 하는 방법뿐이다.

포브스의 400대 부자로 선정될 만큼 성공을 거두었을 때, 그들은 모든 사람은 변화를 만들 수 있다는 것을 기본 신념으로 하고 있다. 이러한 자본투자를 통해 그들은 초기 사업인 미디어, 마켓뿐만 아니라 미시투자, 기업가정신, 재산권 등에도 투자를 하고 있다. 그들의 목표는 대규모 기업을 성장시킴으로써 저소득층으로부터 엄청난 변화가 일어나는 것이다. 그가 언급했던 것은 다음과 같다. "eBay도 사람들의 재원, 아이디어, 그리고 세계적인 문제에 대한 해결 능력에서 고무되었으므로, 우리는 세계 어디에 있는 사람이든지, 그들의 경제적, 사회적, 정치적 환경에 상관없이, 그들은 그들의 삶을 스스로 개선시킬 수 있는 힘을 부여받을 수 있습니다."

기업가정신을 가진 Pierre는 글로벌 시장에 긍정적인 영향을 끼치고 다닌다. 그는 스스로 혁신가, 기업가 그리고 사업가임을 증명했지만, 무엇보다도 인도주의자임을 증명했다. 인간에 대한 믿음은 그로 하여금 더욱더 이러한 성향을 짙게 만들었고, 그의 확고한 인간에 대한 믿음은 그가 지속적으로 동기부여의 원천이 되도록 만들었다.

Pierre의 성공 이야기에서 핵심은 초기 사업모델에서의 독창성과 창조성이다. 새로운 벤처기업을 만드는 과정에 있어서 가장 어려운 점은 실현시키는 것이다. 어떠한 구체적인 특징이 이러한 새로운 제품과 서비스를 필요하게 만드는가? 다양한 기술들은 새로운 제품아이디어를 얻는 데 도움을 줄 수 있다. 몇몇 아이디어들은 업무에 대한 학습효과에서 비롯된다. 이러한 아이디어가 어떻게 일어나는지 상관없이 새로운 제품을 위한 독창적인 아이디어는 성공적인 벤처를 시작하는 데 있어 가장 중요하다. 이러한 기회와 가치에 대한 평가를 통해서, 기업가들은 대부분의 아이디어들이 새로운 벤처의 기초를 제공하는 것이 아니다. 오히려, 이러한 아이디어들 중 어떠한 아이디어가 기업가로 하여금 기초를 제공할 수 있는지 거르는 것이 중요하다.

트랜드

트랜드는 새로운 벤처를 시작할 때 가장 좋은 기회를 제공하고, 특히 기업가가 상당한 기간 동안 트랜드의 시작을 지속할 수 있다. 아래 표에서 알 수 있듯이, 기회를 제공하는 7개의 트랜드(그린 트랜드, 청정에너지 트랜드, 유기-구조 트랜드, 경제 트랜드, 사회 트랜드, 건강 트랜드, 웹 트랜드)가 있다.

다음 세기의 트랜드

녹색
청정에너지
유기-구조
경제
사회
건강
웹

그린 트랜드

녹색 분야는 전 세계 기업에게 기회로 가득 차 있다. 오늘날 소비자들은 점차 더 많은 녹색 제품에 대한 돈을 많이 지불하려고 한다. 특히 물은, 물 이용 효율을 높이는 골프 코스와 공원에서의 관개프로그램, 스마트관개시스템 그리고 컨설팅 회사와 같이 관개 영역에서 기회를 제공하는 그린 트랜드의 한 측면이다. 가치가 있는 다른 사업 영역들은 친환경 인쇄, 재활용 그리고 녹색 재니터리어서비스(관리 위생 서비스)를 포함한다. 예를 들면, 비료로 음식물 쓰레기를 재활용원으로 사용하여 테스트하는 것과 연료의 원천으로써 동일한 프로세스를 사용하는 것이다.

청정에너지 트랜드

소비자들의 가장 시급한 환경적인 문제 중 하나는 청정에너지이다. 많은 사람이 느끼는 21세기의 원천은 태양, 풍력 그리고 지열 원천에서 올 것이다. 전력을 만들 때 19세기의 석탄에서 20세기의 석유로 가속화되어 이동한 중요한 요소는 태양에너지의 비용이 전기 비용과 동등할 경우, 태양 변환 용량에서의 효율성과 비용 절감이나 태양에너지 생산과 사용의 세금 감면이다. 작은 기업과 주택 소유자는 이 분야에서 중요한 미개척 시장이다. 몇몇 기업은 전력비용을 아낌으로써 얻어지는 수익으로 단독주택의 태양 장치를 설치한다.

유기-구조 트랜드

유기 트랜드는 특히, 유기농과 비유기농 식품 간의 줄어드는 가격 차이에 의해 가속화되는 식품 분야에서 크게 증가하고 있다. 고기, 유제품, 과일, 채소, 빵 그리고 스낵 식품을 포함한 모든 유기농 음식의 매출 성장은 평균적으로 1년에 약 25% 정도 늘어나고 있다. 유기농 비식품의 총매출은 특히 의류에서 증가하고 있다. Anna Gustafson에 의해 2007년에 시작한 Oscar and Belle은 아기를 위한 유기농 의류를 제공한다. 2T에 해당하는 신생아

크기의 아기 의류는 소매점과 온라인(oscarandbelle.com)을 통해 배포되었다.

경제 트랜드

신용규제, 은행파산 및 주택 슬라이드, 압류의 영향은 그들의 지출에 훨씬 더 주의하도록 소비자들에게 강요하고 있다. 더욱 저렴한 지출의 증가는 사업 코칭, 할인 소매, 신용 및 부채관리, 가상회의, 아웃소싱, 그리고 전부 DIY(직접 만드는)하는 것과 같은 분야에서 많은 기회를 제공한다. 아직도 많은 고급제품들은 악영향을 상당히 받지 않는다.

사회 트랜드

사회 트랜드는 매주 세계에서 발생하는 많은 네트워크 사건과 기회가 명백하다.

이는 인기 있는 페이스북, 마이스페이스, 링키드인과 그리고 다른 소셜네트워크들과 기업을 위한 소셜네트워킹을 포함한다. 개개인들이 더 긴 수명을 가지고 자녀 및 손자들과 새로운 장소들을 보면서 혜택을 누릴 수 있고, 재정적으로 지불할 수 있는 능력을 갖추길 원하기 때문에 재무계획과 여행 관련 분야에서 기회가 있다. 예를 들어, 장수 연합은 장기요양 및 재무계획에서의 카운셀링을 제공하는 원-스톱 자문 서비스이다.

건강 트랜드

건강관리조항에 대한 건강 유지와 우려는 오늘날 세계 인구 연령의 증가로 인해, 다음 10년 안에 지속될 가장 큰 트랜드 중 하나이다. 이것은 미용 시술, Vibrant Brains의 '두뇌 체조'와 같은 마음 확장, 개인건강포탈, 현장진료시설, 피트니스 센터, 최신 Fit Flops와 Wii Fit 주변장치와 같은 피트니스 오락기, 맞춤 음식, 편리한 관리클리닉, 건강관리코치를 포함하여 기업가들에게 많은 기회를 제공한다. 그린마운틴디지털은 자연 애호가를 위한 소셜네트워크플랫폼을 개발하고 응용프로그램 판매를 선도했다.

웹 트랜드

웹 트랜드는 기업가에게 엄청난 기회를 열어주고, 통신 및 구매의 많은 새로운 형태를 창조한다. 이는 웹 2.0에 의해 구동되고 있다. 웹 2.0 컨설팅, 블로깅, 온라인 비디오, 모바일 어플리케이션(apps) 그리고 와이파이 어플리케이션과 같은 많은 분야에 낮은 진입비용 장벽의 기회들이 존재한다. 애플과 안드로이드 같은 플랫폼은 기업이 창조하고 시장에서 그들의 응용 프로그램이 생산한 수익의 70%를 유지할 수 있게 해준다. 게임 산업은 매일 더욱 새롭고 상호연관적인 게임들을 통해 매우 높은 성장산업이 되었다. 기업가는 상식적인 아이디어와 기회들을 생산하기 위해 이러한 트랜드를 주의 깊게 모니터링 해야만 한다. 아이디어의 많은 원천들 역시 볼 수 있어야 한다.

새로운 아이디어의 원천

기업의 생산적인 아이디어 원천의 일부는 소비자, 기존 제품과 서비스, 유통채널, 정부, 연구개발을 포함한다.

소비자

잠재적인 기업가는 항상 잠재적인 고객에게 세밀한 주의를 기울어야 한다. 이러한 관심은 잠재적인 아이디어와 니즈의 내부적 모니터링의 형태와 형식적으로 소비자들이 그들의 의견을 표현할 수 있는 기회를 가질 수 있도록 배열해준다. 아이디어나 니즈를 보장하는 이러한 방법은 아이디어나 수요가 새로운 투자를 하기 위해 충분히 큰 시장인지 확인하기 위해 수행되어야 한다.

기존 제품과 서비스

잠재적인 기업가는 또한 시장에서 경쟁력 있는 제품과 서비스를 모니터링하고 평가하기 위한 형식적인 방법을 확립해야 한다. 이러한 분석은 흔히 더 많은 시장의 매력과 더 나은 매출, 이익잠재력을 가진 새로운 제품이나 서비스를 가져오는 것을 향상시키는 방법을 알아내는 분석이다. 심지어 기존회사는 이러한 작업을 수행할 필요가 있다. 월마트의 설립자인 Sam Walton은 경쟁 상점이 못하는 것이 아니라, 차라리 잘하고 있는 부분에 초점을 맞추어 경쟁 상점에 종종 방문했고, 그는 월마트의 아이디어를 실행할 수 있었다. Jameson은 각각의 여관(호텔)의 매니저에 관한 정책을 설립하여 경쟁 호텔과 그들의 시장 지역에서의 가격에 관한 주간 리포트를 작성했다.

유통채널

유통채널의 구성원 또한 시장의 니즈에 익숙하기 때문에 새로운 아이디어의 훌륭한 원천이다. 유통채널의 구성원은 완전히 새로운 제품에 대한 제안뿐만 아니라, 그들은 또한 신제품의 마케팅에도 도움이 될 수 있다. 한 기업은 그의 양말류가 색깔 때문에 잘 팔리지 않는다는 것을 백화점 매장 점원에 의해 발견했다. 그 제안에 주의를 기울이고, 색깔 변화를 적용시킴으로써, 그의 회사는 미국의 지역에서 비 브랜드 양말의 선도공급업체 중 하나가 되었다.

정부

정부와 지방정부에서는 아주 많은 정보를 제공하고 창업지원 방법도 제시하고 있다. 신제품 아이디어의 원천이 될 수 있다. 첫째, 특허국의 자료들은 수많은 신제품 가능성을 포함하고 있다. 비록 특허가 눈에 띄지 않더라도, 그들은 종종 다른 더 많은 시장성 있는 제품 아이디어를 제안할 수 있다. 몇몇의 정부 정책과 출판물은 특허 출원 모니터링에 도움이 된다. 정부의 기술서비스국과 같은 기관은 특정 제품 정보를 얻을 때 기업가들을 지원한다. 둘째, 신제품 아이디어는 정부 규제에 따라 진화할 수 있다.

연구개발

새로운 아이디어의 가장 큰 원천은 기업가 자신의 연구개발 노력이다. 그리고 이는 그들의 현재 고용이나 지하철, 차고에서의 비공식적인 실험실과 연결된 공식적인 노력이다. Fortune 500대 기업의 한 연구원은 Fortune 500대 기업이 이러한 아이디어 개발에 관심이 없을 때 그리고 이를 사업화시키지 않았을 때, 플라스틱으로 주조하는 컵 팔레트 모듈 같은 신제품의 기초가 되는 새로운 열가소성수지(plastic resin)를 개발했을 뿐만 아니라 Arnolite Pallet 같은 새로운 벤처기업도 생성시켰다.

아이디어 구체화 방안

다양하게 이용 가능한 원천 같은, 새로운 벤처의 기초로 제공되는 아이디어를 내놓는 것은 (특히 사업을 위한 기초 아이디어이기 때문에) 여전히 문제를 제기할 수 있다. 기업가는 포커스그룹, 브레인-스토밍, 브레인-라이팅, 문제제기분석과 같은 새로운 아이디어를 제기하고 시험하는 것을 돕는 몇 가지 방안을 사용할 수 있다.

포커스그룹

> – 포커스그룹 : 구조적인 포맷 내에서 정보를 제공하는 개인들의 그룹

아이디어를 얻기 위해서는 클라우딩의 포커스그룹을 활용하는 것이다. 포커스그룹에서 중재자는 단순히 참가자의 응답을 요하는 질문을 하기보다는 개방성과 심도 있는 토론을 통해 그룹의 사람들을 이끈다. 신제품 영역의 경우, 중재자는 지시적이거나 비지시적인 방식 중 하나로 그룹의 토론을 맞춘다. 주로 8~14명의 참가자들로 구성된 그룹은 창조적으로 개념화하고 시장의 요구를 충족시키는 신제품 아이디어를 개발하고 서로의 의견에 의해 자극된다. 여성 구두 시장에 관심이 있던 한 회사는 다양한 사회경제적 배경을 가진 12명의 여성 포커스그룹으로 부터 '오래된 구두처럼 딱 맞는, 따뜻하고 편안한 구두'라는 신제품 컨셉을 받았다. 그 컨셉은 새로운 여성

의 구두로 개발되었고 그것은 시장의 성공을 가져왔다. 심지어 광고 메시지의 주제도 포커스그룹 구성원의 의견으로부터 나왔다. 게다가 새로운 아이디어를 제안하는 것뿐만 아니라 포커스그룹은 초기의 아이디어와 개념을 확인하는 우수한 방법이기도 하다. 사용 가능한 여러 절차 중 하나를 사용하면, 그 결과는 포커스그룹이 새로운 아이디어를 제안하는 유용한 방법을 더욱 정량적으로 분석할 수 있다.

브레인-스토밍

> – 브레인-스토밍 : 새로운 아이디어와 해결책을 얻기 위한 그룹의 방법

브레인-스토밍 방법은 사람들이 다른 사람들과 만나고 조직된 그룹 경험에 참여함으로써 창의적이도록 자극한다. 아이디어의 대부분은 보통 추가개발에 대한 근거가 없는 그룹으로부터 제안되지만, 때로는 좋은 아이디어가 나온다. 이는 브레인-스토밍 노력이 특정 제품이나 시장 지역에 초점을 맞췄을 때, 더 많은 발생빈도를 가진다. 브레인-스토밍을 사용할 때, 4가지의 규칙을 따라야 할 필요가 있다.

1. 그룹의 어느 누구에게도 비판은 허용되지 않는다.
   – 부정적인 코멘트 불가
2. 자유분방함이 권장된다.
   – 더 다듬어지지 않은 아이디어가 더 좋다.
3. 아이디어의 많은 양이 요구된다.
   – 아이디어의 수가 더 많을수록, 유용한 아이디어의 출현 가능성이 더 커진다.
4. 아이디어의 조합과 개선이 권장된다.
   – 다른 아이디어는 또 다른 새로운 아이디어를 생산하는 데 사용될 수 있다.

브레인-스토밍 시간은 아무도 토론을 지배하거나 억제하지 않고, 재미있어야 한다. 대형 상업 은행은 그들의 산업 고객에게 품질 정보를 제공하는 저널을 개발하기 위해 브레인-스토밍을 성공적으로 사용해왔다. 금융 전문가 간의 브레인-스토밍은 시장의 특성과 정보 내용, 발매 횟수 그리고 은행 저널의 홍보가치에 초점을 맞춘다. 일단 일반적인 형식과 발매 횟수가 결정되면, Fortune 1000대 기업의 포커스그룹 부사장들은 새로운 저널 형식과 그것의 관련성과 가치에 대해 토론하기 위해 보스턴, 시카고 그리고 달라스 세 도시에서 개최한다. 이러한 포커스그룹의 결과는 시장에 의해 얻어진 새로운 금융 저널의 기초를 제공한다.

브레인-라이팅

브레인-라이팅은 브레인-스토밍의 쓰기 형식이다. 이는 1960년대 Method 635라는 이름 아래에서 Bernd Rohrbach에 의해 만들어졌고, 이는 브레인-스토밍 시간에 참여자들에게 아이디어를 자발적으로 표현하도록 하여 더 많은 생각할 시간을 주는 고전적인 브레인-스토밍과는 달랐다. 브레인-라이팅은 조용했고, 그룹의 구성원들로 인해 아이디어는 서면으로 제안되었다. 참가자들은 보통 6명으로 구성되며, 그들의 아이디어를 특정 형식이나 카드에 기록해서 그룹 내에서 순환시킨다. 각 그룹의 구성원들은 5분 동안 3개의 아이디어를 구성하고 적어 내려간다. 3개의 새로운 아이디어를 적은 각각의 형식은 모든 참가자들에게 통과될 때까지 가까운 사람에게 전해진다. 리더는 시간 간격을 모니터링하고 그룹의 필요에 따라 참가자들에게 주어진 시간을 감소시키거나 연장시킬 수 있다. 참가자들은 또한 전자적으로 회전되는 시트로 지리적으로 전해질 수 있다.

문제제기분석

문제제기분석은 새로운 제품 아이디어를 생성하기 위해 포커스그룹과 유사한 방식으로 개인을 이용한다. 그러나 새로운 아이디어를 그들 스스로 생산하는 대신에, 소비자들은 일반 제품 범주 내에서 문제의 목록을 제공받는다. 그들은 특정 문제를 가진 카테고리 내에서 제품을 식별하고 토론하라고 요청받는다. 이 방안은 문제를 해결함에 있어서 기존 제품과 연관되었기 때문에 더 효과적이다. 이 방법은 알려진 제품들을 제안된 문제점에 연관시키기 쉽고, 새로운 제품 아이디어 자체를 만드는 것보다 새로운 제품 아이디어에 조금 더 쉽게 접근할 수 있게 해주기 때문에 효과적이다. 문제제기분석은 또한 신제품 아이디어를 시험하는 데 사용된다. 음식산업에서 이러한 접근법의 예를 다음 표에서 보여주고 있다. 이 예시의 가장 어려운 문제 중의 하나는 무게, 맛, 모양, 비용과 같은 완벽한 문제의 목록으로 개발되었다는 것이다. 문제제기분석의 결과는 그들의 새로운 사업 기회를 실제로 반영하지 않기 때문에 주의 깊게 평가되어야 한다. 예를 들어, 실제 구매 행위에 거의 영향을 미치지 않는 포장 상자의 크기에 관련된 문제로, 사용 가능한 상자가 선반에 잘 맞지 않았다는 것에 대한 응답으로 소형 시리얼 상자의 일반 식품 도입은 성공하지 못했다. 최상의 결과를 보장하기 위해, 문제제기분석은 주로 추가적인 평가를 위한 제품 아이디어 식별을 위해 사용되어야 한다.

심리적인	감각	활동	소비행태	정신적/사회적
A. 몸무게 – 살찌게 하는 – 영양가 없고 열량만 높은 칼로리	A. 맛 – 맛이 쓴 – 특별한 맛이 나지 않는 – 짠	A. 식사계획 – 잊음 – 그것을 하기에 피곤	A. 휴대성 – 집 밖에서 먹음 – 점심 먹음	A. 회사에 제공 – 고객에게 제공하지 않음 – 막바지 준비가 너무 많이 남음
B. 배고픔 배를 채움 식사 후 여전히 허기짐		B. 저장 – 고갈 – 패키지가 맞지 않음	B. 1인분 – 패키지에 충분치 않음 – 음식이 남음	
C. 목마름(갈증) – 갈증을 해소 못함 – 누군가를 갈증나게 함	B. 외관 – 색상 – 입맛 떨어지게 하는 – 모양	C. 준비 – 문제가 너무 많음 – 냄비와 팬이 너무 많음 – 절대 진행되지 않음	C. 이용 가능성 – 철이 아님 – 슈퍼에 없음	B. 혼자 먹기 – 한 사람을 위해 노력이 너무 많이 듦 – 한 명을 위해 준비할 때 우울함
			D. 음식 부패 – 곰팡이 생김 – 상함	
D. 건강 – 소화불량 – 치아가 좋지 않음 – 자지 않음 – 산성도	C. 농도·감촉 – 거침 – 건조 – 끈적끈적한	D. 요리 – 태움 – 찔림 E. 청소 – 오븐을 엉망으로 만들다 – 냉장고 안에서 냄새가 나다	E. 비용 – 비싼 – 비싼 재료를 사용하는	C. 자아상 – 게으른 요리사에 의해 요리됨 – 좋은 어머니에 의해 제공되지 않음

창의적인 문제 해결

> – 창의적 문제 해결: 새로운 아이디어를 얻기 위해 파라미터에 집중하는 방법

창의성은 성공적인 기업가의 중요한 특성이다. 불행히도, 창의성은 연령, 학력, 관료주의와 함께 감소되는 경향이 있다. 창의성은 일반적으로 사람이 학교를 시작하는 단계부터 감소된다. 이는 십대를 지나며 악화가 계속되

고, 30, 40, 50대를 지나면서 꾸준하게 계속된다. 또한 개인에게 잠재되어 있는 창의적 잠재력은 지각적, 문화적, 감정적 그리고 조직적인 요소에 의해 억압될 수 있다. 창의력은 억압되지 않을 수 있고 창조적인 아이디어와 혁신은 다음 표에 나타나 있는 창의적 문제 해결 기술로 생성될 수 있다.

* 브레인-스토밍 * 역 브레인-스토밍 * 브레인-라이팅 * 고든법 * 체크리스트 방법 * 자유 연상	* 강제 연관법 * 집단 노트북 방안 * 속성 열거법 * 빅-드림 접근법 * 파라미터 분석법

창의적 문제 해결 기술

브레인-스토밍

첫 번째 기술은 브레인-스토밍은 앞서 언급한 창의적 문제 해결과 아이디어 생성에 아마도 가장 잘 알려져 있고, 널리 사용되는 기술이다. 창의적 문제 해결에서 브레인-스토밍은 참가자의 자발적인 참여를 통해 제한된 시간 내에서 문제에 대한 아이디어를 생산할 수 있다. 좁은 브레인-스토밍은 너무 넓거나(아이디어가 너무 다양화되어 특정한 어떤 것도 일어나지 않는) 너무 좁지(응답을 제한하는 경향이 있는)않은 문제에서 시작하는 것이다. 일단 문제가 준비되면, 일반적으로 8~12명의 개인이 참여하도록 선택된다. 반응을 방해하는 것을 피하기 위해, 그룹 구성원은 문제의 분야에서 전문가로 인정되는 사람이 없어야 한다. 아무리 비논리적이라도, 모든 아이디어는 브레인-스토밍 기간 동안 비판이나 평가받는 것을 금지하도록 기록되어야 한다.

역 브레인-스토밍

> – 역 브레인-스토밍 : 새로운 아이디어를 얻기 위해 부정적인 면에
> 집중하는 방법

역 브레인-스토밍은 비판이 허용된다는 것을 제외하면 브레인-스토밍과 유사하다. 사실 그 기법은 "이 아이디어가 실패할 수 방법이 얼마나 많은 가?"라는 질문에 대해 답하며 오류를 찾는 것에 기초한다. 그 초점은 제품, 서비스, 아이디어의 부정적 측면에 초점을 맞추고 있기 때문에 그룹의 사기를 유지하기 위해 주의해야 한다. 역 브레인-스토밍은 혁신적 사고를 자극하는 다른 창의적 기법들보다 더 효율적으로 사용될 수 있다. 그 프로세스는 일반적으로 이러한 문제들을 극복하는 방안에 대한 토론에 의해 한 아이디어의 잘못된 모든 것을 식별하는 것을 포함한다. 역 브레인-스토밍은 아이디어를 생각하는 것보다 아이디어에 있어서 비판적으로 생각하는 것이 쉽기 때문에, 가치 있는 결과를 생산하기도 한다.

고든법

> – 고든법 : 개인들이 문제에 대해 알고 있지 못할 때, 새로운 아이디어를
> 개발하기 위한 방법

고든법은 다른 창의적 문제 해결기법들과는 달리, 그룹의 구성원들이 문제의 정확한 특성을 모른 채로 시작한다. 이 솔루션은 선입견과 행동패턴에 의해 흐려지지 않도록 한다. 기업은 그 문제와 연관된 일반적인 개념을 언급하면서 시작한다. 그 그룹은 많은 아이디어를 표현하며 응한다. 그런 관련 개념에 의해 한 개념은 기업의 지도를 통해 개발된다. 실제 문제는 최종 솔루션의 구현이나 정제에 대해 제안할 수 있는 그룹을 가능하게 드러낸다.

체크리스트 방법

> – 체크리스트 방법: 연관된 문제들의 목록을 통해 새로운 아이디어를
> 개발하는 방법

체크리스트 방법에서는 새로운 아이디어가 관련된 이슈나 제안들의 목록을 통해 개발된다. 기업가는 완전히 새로운 아이디어를 개발하거나 특정 아이디어 분야에 집중하는 방향으로 인도하는 질문이나 문장의 목록들을 활용할 수 있다. 체크리스트는 어떠한 형태도, 길이도 될 수 있다. 하나의 일반적인 체크리스트는 다음과 같다:

* 다른 용도에 사용? 현재의 있는 그대로를 사용하는 새로운 방법? 다른 용도로 수정?

* 적용? 이것과 같은 다른 것? 이 제안에 대한 다른 아이디어? 지난번에 제안한 것과 평행한가? 모방할 수 있는가? 나는 누구를 모방할 수 있는가?

* 수정하기? 새로운 트위스트? 의미, 색상, 동작, 냄새, 형태, 모양의 변화? 다른 변화?

* 확대하기? 무엇을 추가? 더 많은 시간? 더 자주? 더 강하게? 더 크게? 더 두껍게? 부가가치는? 재료를 추가? 똑같이 만들기? 크게 증식시키기? 과장하기?

* 대체? 누가 대신할까? 무엇이 대신할까? 다른 성분? 다른 재료? 다른 고정? 다른 전원? 다른 장소? 다른 접근법? 다른 목소리 톤?

* 재배열? 부품 교환? 다른 패턴? 다른 레이아웃? 다른 순서? 원인과 결과의 뒤바꿈? 트랙의 변경? 일정의 변경?

* 역으로? 긍정과 부정의 뒤바꿈? 정반대는 어떨까? 이전 버전으로 바꾸기? 위아래를 변경? 역할을 역방향? 입장 바꾸기? 표 바꾸기? 다른 면으로 바꾸기?

＊ 결합하기? 조화, 합금, 모음, 앙상블로 하는 것은 어떠한가? 단위들을 결합하기? 목적들을 결합하기? 매력들을 결합하기? 아이디어들을 결합하기?

자유 연상

| ─ 자유 연상 : 단어 사슬의 연상을 통해 새로운 아이디어를 개발하는 방법 |

기업가가 새로운 아이디어를 제안할 수 있는 가장 심플하지만 가장 효과적인 방법 중 하나는 자유 연상이다. 이 기법은 문제에 대한 완전히 새로운 관점을 개발하는 데에 있어서 도움을 준다. 우선, 신제품 아이디어 발현으로 끝이 나는 사슬을 창조함으로써 지속적인 사고과정에 새로운 무언가를 추가하기 위해 시도하는 각각의 새로운 단어와 함께 문제와 관련된 문구를 하나하나 적어 내려간다.

강제 연관법

| ─ 강제 연관법 : 제품의 조합을 바라봄으로써 새로운 아이디어를 개발하는 방법 |

이름에서 알 수 있듯이, 강제 연관법은 일부 제품 조합 간의 관계를 강제로 연관시키는 과정이다. 이는 새로운 아이디어를 개발하기 위한 노력의 일환으로, 개체 또는 아이디어에 대한 질문을 하는 기법이다. 새로운 결합과 궁극적인 개념은 다섯 단계의 과정을 통해 개발되고 있다.

1. 문제의 요소를 분리하라
2. 이러한 요소들 간의 관계를 찾아라.
3. 그 관계 속의 질서 형태를 기록하라.
4. 아이디어나 패턴을 찾기 위해 결과의 관계를 분석하라.
5. 이러한 패턴 속에서 새로운 아이디어를 개발하라.

다음 표는 종이와 비누에서 이 기법을 사용한 것을 보여준다.

요소 : 종이와 비누		
형태	관계/조합	아이디어/패턴
형용사	• 종이 같은 비누 • 비누 같은 종이	• 조각 • 씻고 말리는 여행 도구 • 비누가 스며들었고, 세척하는 표면에 사용할 수 있는 거친 종이
명사	• 종이비누	• 비누가 스며들었고, 세척하는 표면에 사용할 수 있는 거친 종이
관련 동사	• 비누칠이 '된' 종이 • 비누에 '젖은' 종이 • 비누에 '씻겨 진' 종이	• 비누 잎의 소책자 • 코팅하고 적시는 과정에서 • 벽지 청소기를 제안하다

강제 연관 기법의 설명

집단 노트북 방안

> – 집단 노트북 방안 : 그룹 구성원들의 규칙적인 아이디어 기록을 통해 새로운 아이디어를 개발하는 방안

집단 노트북 방안은 문제에 대한 언급과 빈 페이지, 그리고 적절하게 뒷받침할 수 있는 배경 데이터가 포함되어 있는, 주머니에 딱 맞는 작은 노트북이 배부된다. 참여자들은 적어도 한번은 기록하면서 그 문제와 그와 관련된 가능한 해결책들을 고려하지만, 가급적이면 하루에 세 번이 바람직하다. 일주일의 끝에, 어떠한 제안들과 함께 가장 좋은 아이디어의 목록이 제시된다. 이 기법은 그들의 아이디어를 기록하는 그룹의 개인에게 사용될 수 있고, 그들의 노트북에서 모든 자료를 요약, 정리하고 언급된 빈도의 순서에 따라 아이디어를 목록화하는 중앙관리자에게 전한다. 그 요약은 최종적으로 그룹 참여자들에 의해 창조적 포커스그룹의 토론 주제가 된다.

속성 열거법

> – 속성 열거법 : 긍정적이고 부정적인 면을 바라봄으로써 새로운 아이디어를
> 개발하는 방법

속성 열거법은 기업가들에게 아이템과 문제의 속성에 대해 목록화하고 다양한 관점으로 각자를 바라보도록 요구하여 아이디어를 찾는 기법이다. 이 과정을 통해 원래는 관련되지 않은 객체들의 새로운 형태를 함께 가져올 수 있고, 욕구를 더욱 충족시키는 새로운 사용법을 가능하게 할 수 있다.

빅–드림 접근법

> – 빅–드림 접근법 : 제약 없는 사고를 통해 새로운 아이디어를 개발하는 방법

새로운 아이디어를 제시하는 빅–드림 접근법은 기업이 문제와 그와 관련된 해결책에 대해 꿈꾸는 것을 요구한다. 즉 다시 말하여, 크게 생각하는 것이다. 모든 가능성은 관련된 부정적인 것이나 요구되는 자원들과 관계없이 기록되고 조사되어야 한다. 아이디어는 한 아이디어가 실행 가능한 형태로 개발될 때까지 어떠한 제약도 없이 개념화되어야 한다.

파라미터 분석법

> – 파라미터 분석법: 파라미터 정의와 창조적 통합에 초점을 맞춤으로써
> 새로운 아이디어를 개발하는 방법

새로운 아이디어를 개발하는 최종적인 방법인 파라미터 분석법은 파라미터 정의와 창조적인 통합이라는 두 가지 측면을 포함한다. 제시된 표에 따르면, 첫 번째 단계(파라미터 정의)는 그들의 상대적 중요성을 결정하는 상황에서 변수 분석을 포함한다. 이러한 변수는 다른 변수들이 확보됨과 함께 조사의 초점이 된다. 주요한 문제들이 정의되고 난 후에는 근본적인 문제를 서술하는 파라미터들 간의 관계가 설명된다. 파라미터와 관계의 평가를 통

해 하나 이상의 솔루션을 개발하면 이 솔루션 개발은 창의적인 통합이라고
불린다.

파라미터 분석법의 설명: 발명의 과정

CHAPTER **05**

창업기업의 성장

기업의 성장과 확장은 창업의 자연스러운 산물이다. 기업가가 가진 강한 비전의 결과이고 결정을 내리고 회사가 과정을 유지하며 목표에 도달하기 위한 팀을 찾는 것이다. 몇몇 기업가들은 통제를 잃는 것을 두려워하여 성장을 피한다. 많은 사업들은 빠른 성장 기간에 회사 자본의 막대한 수요로 인해 흔들린다는 두려움은 근거가 없다. 게다가, 사업이 어떠한 흔들림 없이 항상 성장할 것 같지도 않다. 사실 거대한 회사들이 무한정 성장한다는 것은 신화이다. 진실은 모든 기업이 교착상태에 빠지는 기간을 갖지만, 더 큰 기업들은 그 성장 비율을 천천히 늘린다는 것이다. 이것이 기업가들에게 의미하는 것은 오랜 기간 동안 두 자리수의 성장을 유지하는 것은 아마도 불가능하다는 것이다. 그러나 성장하기 이전에 견고한 계획으로 빠른 성장의 위험을 피할 수 있고 가능한 다른 방법보다 성장을 오랫동안 지속할 수 있다. 높은 성장의 기업들은 몇 가지의 아주 명백한 특징을 보이기 때문에 무리 중에서도 두드러진다. 전형적으로, 그들은 그들이 만들고 곧 리더가 될 틈새시장에서 첫 번째이다. 그들은 종종 다른 경쟁사보다 무엇을 해야 할지 더 잘 알고, 그들의 사업에 의지하며 그들이 제공하는 것은 특별하다. 시장에서 효과적으로 수행된다면 새로운 상품이나 서비스로 첫 번째가 되는 것은 가장 강력한 경쟁적 이점 중의 하나이다. 이것은 고객들이 특별한 상품이나 서비스를 깊이 생각할 때 고객들이 그 기업을 즉시 떠올리도록 브랜드 인식을 설립하기 위한 기회를 제공한다.

혁신적인 과정, 혁신적인 상품이나 서비스와 결합함으로써 기업들은 경쟁 시장에서 어마어마한 장벽을 만들 수 있다. 그러나 시장에서 두 번째나 세 번째가 되는 것 또한 이길 수 있는 전력이 될 수 있는데, 왜냐하면 주로 선도하는 기업이 대게 상품이나 서비스를 완벽하게 생산하지 못 하기 때문에 두 번째나 세 번째 기업이 첫 번째 기업의 실수를 배우고 고객들의 요구를 더 충족시킬 수 있기 때문이다.

성장하는 것 또한 성장하지 않는 것

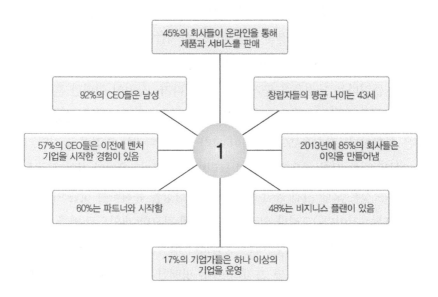

몇몇 기업가들은 엄청난 시장의 수요에 직면하더라도 성장을 통제하기 위한 의식적인 결정을 내린다. 이것은 성장을 한 자릿수로 늦춘다고 말하기 위한 것은 아니다. 그 대신에 기업가는 롤러코스터를 타는 것과 같이 세릿수를 기록하는 젊은 벤처보다는 매년 35퍼센트에서 45퍼센트의 지속적인 성장률을 유지하는 것을 선택할지도 모른다. 일반적으로 성장률을 그렇게 규제하는 기업가들은 그들이 오랜 기간 동안 그 사업에 있기 때문인데, 다시 말해서 그들은 사업을 팔거나 공적으로 제공하는 것을 통해 새롭게 창조되는 부를 빨리 거두려 서두르지 않는다.

그들은 또한 전형적으로 많은 빚을 떠맡는 것을 좋아하지 않으며, 성장하기 위해 순수 자기 자본을 포기하는 것을 좋아하지 않는다. 결과적으로, 그들은 심하게 광고하지 않으며, 그들의 능력 밖으로 새로운 고객들을 찾기 위해 적극적이지 않다. 그들은 또한 그들의 고객이나 그들의 산업이 직면하는 문제들과 독립적으로 그들의 상품이나 서비스 라인을 다양화한다. 다양화된 상품이나 서비스 라인을 제공함으로써 그들은 어떤 한 고객이나 시장을 잃는 것으로부터 그들을 보호해주는 수입의 다양한 줄기를 유지한다.

상품과 서비스에 대한 잠재적인 수요가 거대하고, 기업이 평균 산업을 넘어 성장할 수 있다고 깨닫는 것은 기업가들을 도취시킨다. 그러나 고도성장은 요구를 충족시키기 위한 능력, 기술, 사람 또는 시스템이 없는 기업을 파괴시켜왔다. 그렇다면 어떻게 기업가들이 성장할지 또는 성장하지 않을지 결정할까? 많은 경우, 이것은 기업가들의 결정에 의하지 않고 상품이나 서비스에 대한 수요가 기업가들이 성장을 유지하는 것을 강요하도록 하는데, 대조적으로 시장은 기업이 성장할 만큼 충분히 크지 않을 수도 있다. 일반적으로 그때 기업은 언제 다음 단계로 성장할 것인지에 대한 지점에 도달하게 되는데, 물론 이것은 팀을 찾는 것과 몇몇의 고용인들이 필요하다. 다음 단계로 도달하기 위해서는 성공적인 성장을 위한 몇몇의 기준점들이 있다.

성공적인 성장은 리더십을 요구한다. 기업가들이 사업을 시작할 때 그들은 사업활동에 모든 사람들을 참가시킨다. 그러나 기업이 성장하기 시작할 때 그들은 필히 다른 사람에게 일을 위임한다. 그들이 더 많이 위임할수록 그들은 그들의 일이 갑자기 변하게 된다고 더욱더 깨닫는다. 그러면 이제 그들은 사업의 근본적인 일을 하는 것을 필요로 하지 않는다. 그들에게는 비전이 실제가 되도록 확실히 하는 사업을 이끄는 것이 필요하다.

모든 사람들은 기업가들이 기업이 살아남도록 확실히 하는 것을 본다. 왜냐하면 리더십은 기업을 이끄는 것과 기업의 목표를 성취하기 위한 사람들을 이끄는 것을 포함하고, 기업가는 그들의 목표를 성취하기 위해 사람들을 고양시키는 능력을 가져야 하기 때문이다. 고용인들은 배우고 성장할 수 있는 기회를 가져야만 한다. 기업은 고용인들이 성장하지 않거나 변화하지 않으면 성공적으로 성장할 수 없다. 고용인들은 그들이 기업 초기에 고용되었다면 사업의 양상을 좀 더 배우고, 사업이 어떻게 경영되고 있는지에 대한 산출을 제공하기 위해서 더욱더 용기를 북돋아야 한다.

조직에 있는 모든 사람들은 책임의식이 있어야 하며 기업의 성공에 대한 책임이 있어야 한다. 모든 사람들은 사람들이 기업의 재정 성공에 어떤 기여를 했는지 이해해야만 하며 회사 재정 성공에 이해관계가 있어야 한다. 빠른 성장은 팀워크를 요구한다. 또한 팀이 효과적으로 작용하기 위해서는 그들이 하는 일에 대해 의무감과 책임감이 있어야 한다. 그러나 사업을 위해 성장을 하지 말아야 할 때도 있다. 기업 진화에서 성장의 역할을 이해하기 위해서 성장에 영향을 미치는 요소, 시장 요소와 관리 요소를 이해하는 것이 중요하다.

성장에 영향을 미치는 시장 요소

새로운 창업 및 벤처가 성장할 때 성장과 성장 비율의 장고는 시장 비율에 의존적이다. 만약 틈새시장에서 자연적으로 기업의 진입이 작거나 성장이 비교적 안정되어 있으면 당연히 극적인 성장과 가장 빠르게 성장하는 기업의 규모를 성취하기 어려워진다. 반면에, 상품이나 서비스가 세계시장으로 확장될 수 있다면, 성장과 규모가 더 커질 것이다.

대기업이 우위를 점하고 있는 시장에 진입하는 것은 그 자체로 성장을 저해한다.

잘 조직된 작은 기업들은 종종 그들의 경쟁적인 가격과 높은 질을 유지하는 상품과 서비스를 생산할 수 있는데, 이것은 거대한 오버헤드(회계관련 용어로, 갬블링 시설에서 안정된 기능을 수행하기 위한 매일 필요한 여러 경비)가 없고 더 큰 기업들의 관리 봉급이 없기 때문이다.

게다가, 설립된 산업이 오래되면 틈새시장에서 혁신적인 상품으로 진입하는 것은 산업이 빠른 성장률을 경험할 수 있게 한다.

전자산업과 같은 몇몇 산업에서 혁신이 주어지게 된다면 단순히 혁신적인 상품을 제공하는 것만으로는 충분하지 않다. 이러한 높은 혁신 산업에서 빠른 성장의 열쇠는 다른 경쟁사보다 더 빠르게 상품을 생산하고 디자인하는 능력이다. 대조적으로, 안정되어 있고 상품화된 제품과 서비스를 제공하는 산업에는 혁신적인 상품과 과정에 진입하는 것이 중요한 경쟁적 이점을 제공할 것이다.

특허권, 판권, 상표 그리고 기업비밀과 같은 지적재산권은 새로운 벤처에 경쟁적 이점을 제공하는데, 왜냐하면 다른 사람이 따라 하기 전에 상품이나 서비스를 소개하는 좋은 기간을 제공하기 때문이다. 그러나 오직 저작권에만 의존하는 것은 현명하지 못하다. 다른 경쟁사가 제품을 복제하기 전에 시장에서 새로운 벤처가 강력한 발판을 마련하는 것을 가능케 하는 종합적인 마케팅계획을 가지는 것이 중요하다.

사실, 지적재산권을 소유한 사람들은 재산권을 침해한 사람을 법정에 소송할 권리를 가진다. 그러나, 전형적인 작은 기업이 이처럼 시간을 소비하는 것은 감당할 수 없고, 이러한 소송은 성장을 위한 초과된 자본을 필요로 한다. 즉, 아주 자연적인 위협으로 인해 몇몇 기업들은 어떤 일이 일어날지에 대해 정확한 예측이 어렵다.

단순히 규모나 성숙도에 의하여 몇몇 산업들은 이윤을 만들기 위한 충분한 시장공유로 진입하고 관통하게 하는 것은 새로운 벤처에게 어려운 일이다. 다른 산업들은 새로운 진입을 금지하는데 왜냐하면 참가비용(공장, 장비, 요금 또는 규정의 준수)이 높기 때문이다. 그러나 알맞은 산업에서 새로운 벤처는 다른 기업의 진입을 늦추기 위해 장벽을 세울 수 있다.

성장에 영향을 주는 관리 요소

시장 요소와 함께 관리 요소 또한 기업의 성장에 영향을 준다. 심지어 작은 기업이라도, 새로운 벤처가 살아남고 성공할 때 모든 것이 올바르게 되어야 하고 같은 태도로 계속되어야 한다고 믿는 경향이 있다. 이것은 변화가 성공의 부산물이라고 인식하지 못하는 많은 기업가들의 치명적인 오류이다. 벤처 사업이 위기에 처할 때까지 많은 시간, 전문적인 관리자에게 이행하는 것과 태도와 행동에서의 근본적인 변화가 기업가들에게 요구된다는 것을 깨닫지 못한다.

빠른 성장은 기초 기술과는 다른 기술을 필요로 한다. 새로운 벤처를 시작할 때 기업가들은 참여하는 데 더 많은 시간을 보내고, 심지어 사업의 모든 국면을 통제하는 데에도 많은 시간을 보낸다. 그러나 빠른 성장이 일어날 때에는, 품질과 서비스의 희생 없이 증가하는 요구를 다루기 위한 시스템이 필요하다. 만일 기업가들이 고성장 기업에서 경험을 바탕으로 한 전문적 관리의 열쇠를 가져올 수 없다면, 성장은 흔들리고 기회의 창은 잃게 되며 사업은 실패할 것이다. 많은 기업가들은 사업 성장의 몇몇 요인들을 발견해왔는데 그들은 단계를 낮추며 경험이 많은 관리를 맡아야 한다.

그러나 사업을 성장시키는 것이 기업가정신을 잃는 것을 의미하지는 않는다. 다만 기업가들은 성장하는 동안 섬세하고 융통성 있는 감각을 유지하는 것에 좀 더 창의적이어야 한다. 사업의 몇몇 부분을 하청주는 것은 종업원의 수를 낮추고 팀 정신을 유지하는 하나의 방법이다. 스스로 팀을 관리하는 것은 또 하나의 방법이다.

요소 측정의 재평가는 성장을 위한 또 하나의 중요한 요소이다. 대부분의 사업들은 시간이나 작은 장치 같은 요소로 판매를 하는데, 그러한 요소는 기업가들이 발명의 전환 근무, 자본 비율, 평균 이익과 같이 사업이 잘 진행되고 있는지에 대한 몇몇 전형적인 방법을 가진다. 때때로 고객이 원하는 가치를 좀 더 면밀히 나타내기 위해 간단히 사업 단위를 변화하는 것은 사업에서 중요한 변화를 만드는 것으로 충분하다. 예를 들어 Cemex는 새로운 벤처를 찬조하기 위해 방법을 모색하는 것에 의존하여 성장할 수 있는 능력을 결정하였는데, 배달에 집중하기로 하였고 시멘트 기업의 FedEx가 되기로 결정하였다. 이러한 변화로 이 회사는 세계에서 세 번째로 큰 콘크리트 회사가 되었다.

새로운 벤처에서의 성장단계

새로운 벤처에서 성장률과 성장단계는 산업과 사업 유형에 따라 바뀐다. 그러나 성장하는 동안 전략의 분야나 허가 관리 문제를 암시하는 일반적인 문제가 나타난다. 이러한 문제들에 직면했을 때 아는 것의 중요성은 과장될수 없다. 아는 것은 문제가 발생하기 전에 사건과 요구 조건을 기대하기 위한 기업가의 잘 조직된 부분이 되어야 한다. 연구 결과는 그들의 삶과 발달의 주요한 단계를 통해 연속적인 진행 단계를 제안한다. 여전히 각각의 발달 단계에서 다른 연구들은 사업이 독특한 문제에 직면하는 것에 주목하였다. 예를 들어 시작하는 단계 마케팅과 재정 문제로 인해 특징화된다. 반면에 성장단계에는 전략, 허가 그리고 관리 문제와 연관이 있다

이익 요인 전략

1. 비즈니스 유닛을 바꿔라.
   고객들이 가치 있어 하는 방법을 조정하라.
2. 규모의 순서에 따라 생산성을 향상시켜라.
   경쟁사가 가지지 못한 효율성을 창조하기 위해 최근 기술을 사용하라.
3. 현금유동성 속도 증가를 잡아라.
   고객들이 빠르게 계산할 수 있도록 만들어라.
4. 자산 이용을 증가시켜라.
   사업이 작동되는 데 필요한 자산의 수를 줄여라.
5. 고객들의 수행을 향상시킬 방법을 찾아라.
   고객들이 작업의 흐름을 향상시킬 수 있도록 연구하고 그 발달에 공헌할 수 있는 방법을 찾아라.
6. 고객들의 시간을 절약할 방법을 찾아라.
   기업의 고객 프로세스를 만들고, 쉽고 큰 노력 없이 가능하게 하라.
7. 고객들의 현금유동성을 향상시키는 것을 도와라.
   고객의 최저선을 높이기 위한 방법을 설명하라.
8. 고객들의 자산 이용을 향상시키기 위해 도와라.
   고객의 균형시트를 알고 고객들의 단단한 자산을 제거하기 위한 방법을 찾고 고객들의 균형시트를 알아라.

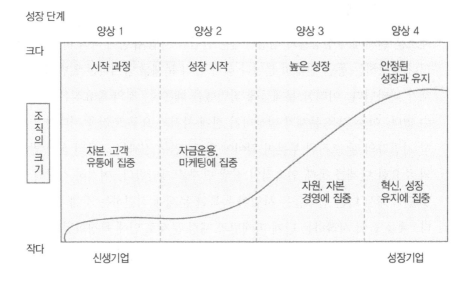

① 시작은 자본, 고객, 유통에 대한 걱정으로 특정화된다. ② 초기 성장단계에서는 자금유동과 마케팅을 걱정한다. ③ 빠른 성장단계에서는 자원, 자본, 관리를 걱정하고 ④ 안정된 성장단계에서는 혁신과 성공 유지를 걱정한다.

성공의 시작

시작하는 동안 첫 번째 단계에서 기업가들의 주된 걱정은 충분한 초기자금, 고객찾기, 상품과 서비스를 배달할 디자인을 찾는 것이다. 이러한 시점에서 기업가들은 무엇이든지 하는 사람이 된다. 모든 일을 하는 것은 사업을 시작하고 운영하는 것을 요구한다. 이것은 보안 공급자, 분배, 시설, 장비 그리고 노동을 포함한다. 시작의 복잡성은 많은 새로운 벤처가 실패하는 이유이다. 복잡성은 또한 팀에 기초한 벤처가 성공적인 시작을 성취하기 위해서는 혼자 하는 노력보다 더 잘 정비되어있다는 것을 암시한다. 만일 기업이 수입이 만들어지는 것을 통해 긍정적인 자금 유입을 성취하도록 살아남는다면, 이것은 시장을 성장시키고 확장시키는 데 중요한 위치가 될 것이다. 그러나 만일 수입이 기업의 지출을 감당하는 것을 실패한다면 자기 자본이나 빚으로 인해 외부 자본을 찾는 것 없이 성공하는 것은 불가능할 것이다.

초기 성장

만일 새로운 벤처가 첫 번째 단계를 통해 구성된다면, 수입을 발생시키고 기업을 운영하기 위한 충분한 고객이 유지되는 사업 활동의 두 번째 단계로 넘어가야 한다. 이제는 기업가들의 걱정이 자금 유입에 좀 더 집중된다. 기업이 성장하는 것과 동시에 기업의 모든 지출을 지불하기 위한 충분한 자금 유동이 생산될 수 있을까? 이러한 시점에서 벤처사업은 비교적 작고 고용인의 수가 적으며 기업가들은 여전히 통합된 역할을 수행한다. 이것은 중요한 단계로, 결정이 내려지는 것은 사업이 작은 상태로 남아있을 것인지 혹은 조직과 전략에 중요한 변화를 수반하며 빠르게 성장할 것인지를 결정한다. 기업가들과 팀은 큰 수입 단계를 위해 성장할지 혹은 남아 있는 이윤을 유지할지 결정하는 것을 요구받는다.

빠른 성장

성장하기로 결정을 내리면 사업의 모든 자원은 기업의 성장 재정으로 함께 모여야 한다. 성장은 비용이 많이 들기 때문에 이것은 매우 위험한 단계이다. 그리고 이것은 기업가가 다음 단계로 가고 성장하는 것을 보장해 주지 않는다.

계획하는 것과 시스템을 통제하는 것이 발생하고 전문적인 관리자가 고용되는데, 이것은 성장하는 동안 이러한 일들을 할 시간이 없기 때문이다. 이러한 단계에서의 문제점은 빠른 성장 통제 유지에 집중하는 것이다. 그들은 통제를 위임하고 다양한 단계를 계산하면서 이 문제를 해결한다. 실패는 보통 통제되지 않은 성장, 자금의 부족, 상황을 다루기 위한 전문적 관리 지식의 불충분 때문에 일어난다. 만약 성장이 성취된다면 이러한 단계에서 기업가들은 상당한 이윤 때문에 기업을 판다. 많은 기업가정신의 벤처는 초기 설립된 회사와는 전적으로 다른 관리팀과 함께 정점에 도달한다. 기업가들은 기업의 비전에 아주 중요한 부분이고 이제 더 커진 벤처에서 새로운 역할을 확인할 수 있다. 새로운 사업에서 첫 번째 주자가 될 것이다. Microsoft 사의 Bill Gates는 그의 사업을 세계적으로 크게 만든 사람 중의 한 예이다. 단지 몇 년 전만 하더라도 Steve Ballmer와 함께 설립자 멤버 중 하나에서 CEO가 되었다.

안정된 성장과 유지

사업이 빠른 성장의 단계를 지나고 성장 재정을 효율적으로 관리할 수 있다면 이것은 안정된 성장을 유지하고 시장의 공유를 유지하는 4번째 단계에 들어선 것이다. 이러한 시점에서 보통 큰 기업들은 혁신되기를 계속하고 경쟁하며 융통성이 있는 한 안정된 상태를 유지할 수 있다. 만약 그렇지 않다면 빠른 시일 안에 그 기업은 시장을 잃게 되고 궁극적으로 실패하거나 작은 기업이 될 것이다. 최첨단 사업은 전통적인 성장 패턴에서는 예외이다. 왜냐하면 그 기업들은 전형적으로 탄탄한 벤처 자본과 강력한 관리팀으로 시작하기 때문이다. 그 기업들은 1단계와 2단계를 빠르게 지나간다. 3단계와 4단계에서 구조가 효율적이고 기술이 주된 시작에 채택된다면 그들은 크게 성공할 수 있다. 반면에, 구조가 약하고 기술이 채택되지 않는다면 그 기업들은 빠르게 실패한다.

성장의 틀

전 략	전 술
환경을 관찰하고 평가하라.	1. 환경을 분석하라. 고객이 늘고 있나 혹은 줄고 있나? 왜 일까? 2. 경쟁자들은 어떻게 하고 있을까? 3. 시장이 성장하는가? 4. 산업에서 당신의 기업이 다른 기업과 비교 했을 때 기술적으로 어떻게 하고 있나? 5. SWOT 분석을 하라
성장전략을 계획하라.	6. 풀 수 있는 문제를 결정하라. 어디가 약점일까? 7. 브레인스톰 해결법 – 과거에 당신이 알고 있고 행한 일을 스스로 제한하지 말아라. 8. 어떻게 하면 혁신할 수 있을지 전략적으로 생각하라. 9. 시험을 위한 두 개 내지 세 개의 해결책을 골라라. 10. 조직에서 중요한 기회를 위한 주된 목표를 설정하라. 11. 후에 당신이 주된 목표를 성취할 수 있도록 하는 작고, 실현 가능한 목표를 설정해라. 12. 이러한 목표를 성취하기 위해 자원(탐색과 직원)에 헌신하라.
성장을 위해 고용하라.	13. 누군가를 성장계획을 책임지도록 한다. 14. 성장하고 있는 기업에서 경험해본 전문적인 관리키를 가 져오라. 15. 직원들이 성장과 변화를 준비할 수 있도록 그들에게 교육과 훈련을 제공하라.
성장 문화를 창조하라.	16. 성장계획 조직에 모두를 참여시켜라. 17. 중간 목표 성취를 보상하라.
전략자문위원단을 만들어라.	18. 당신에게 변화를 알리도록 유지하는 주요한 사람을 산업으로 부터 초대하라. 19. 산업 파트너를 만들고 고객들이 계획 과정의 일부가되도록 만들어라. 20. 자문위원단에 내부인보다는 외부인력을 더 많이 초대하라.

성장전략

오늘날 우리는 적어도 5개의 성장전략 범주를 확인한다. ① 혁신전략은 산업인 시장의 게임을 바꾼다. ② 철두철미한 성장전략은 현재 시장에서의 기회를 실행한다. ③ 통합적 성장전략은 전체의 산업 안에서 성장의 이점을 맡는다. ④ 다양화된 전략은 현재 시장과 산업에서 기회를 실행한다. 그리고 ⑤ 세계화 전략은 우리가 가야 하는 시장이다.

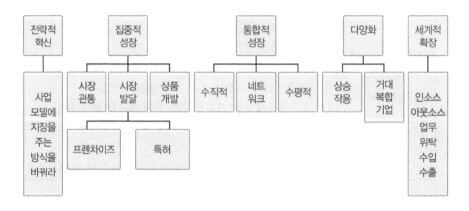

기업의 성장전략

전략의 변화

집중적인 성장전략 · 현재 시장의 성장

집중적인 성장전략은 현재 시장에서의 완전한 작용에 초점을 맞춘다. 즉, 시장을 확장하는 것은 넓은 분야의 가능성을 공유한다. 이것은 판매의 양이 증가하는 것을 통해 성취되고 목표 시장의 고객들의 수로 인해 성취된다. 집중적인 성장전략을 실행하기 위한 세 가지로는 시장 침투, 시장 발달, 제품 발달이 있다.

시장 침투로 기업가들은 현재 목표 시장에서 효과적인 시장 전력을 이용하여 판매를 증가하기 위해 시도한다. 이것은 새로운 벤처를 위한 일반적인 성장전략인데, 이것은 기업가들이 익숙한 분야에서 일하는 것을 가능하게 하고, 그들이 그들의 시스템과 통제를 확고히 하는 동안 사업이 성장하는 것을 가능하게 한다.

이러한 전략으로 기업은 초기 목표 시장에서 시장이 지리적 분야든지 혹은 고객을 근거로 하였든지 간에 점진적으로 확장할 수 있다.

가맹점 영업

가맹점 영업은 기업이 지리적 시장에서 빠르게 성장할 수 있도록 한다. 가맹점 영업권 제공자는 특정한 이름과 상품, 프로세스, 서비스에 대한 권리, 그리고 사업을 세우기 위한 도움, 이미 설립된 사업으로부터 진행중인 마케팅과 품질 통제 도움 아래 가맹점을 판매한다. 체인점은 비용을 지불하고 일반적으로 3~8퍼센트의 판매에 대한 로열티를 제공한다. 이러한 비용을 위해 가맹점은 아래의 것을 얻는다.

• 시장에서의 상품이나 서비스의 증명
• 상품명과 상표
• 특허받은 디자인, 프로세스, 형식
• 재정통제시스템
• 마케팅계획
• 구매와 광고 양의 이익

가맹점은 일반적으로 대리점, 서비스 가맹점, 그리고 상품 가맹점으로 3가지 유형으로 나타난다. 대리점은 제조자가 소매를 통해 유통하는 것 없이 상품을 유통한다. 마케팅 강점으로 결합된 대리점은 이익을 얻지만 할당요금을 요구받는다.

서비스 가맹점은 세금 준비, 임시 직원, 명부 준비, 그리고 실제 자산 서비스로 고객을 제공받는다. 종종 이러한 사업은 가맹점이 되기 위해 지원하기 전 이미 독립적으로 작용한다. 가맹점의 가장 인기 있는 유형은 상품을 제공하고, 브랜드 이름을 제공하고, 작동 모델을 제공하는 것이다.

잠재적인 가맹점들은 가맹점 작업의 책임을 가정하고 자격을 확실히 하기 위해 면밀히 조사받는 것이 요구된다. 게다가, 체인점을 위한 사업 준비 비용은 상당히 합법적이고 계산적이며, 컨설팅적이고 많은 훈련이 필요하다. 따라서 이익을 얻기 위해서는 3년에서 5년이 걸린다.

모든 기업이 성장의 수단으로 가맹점을 이용하는 것은 아니다. 성공적인 가맹점 시스템은 다음의 특징을 필요로 한다.

- 증명된 이익과 함께 성공적인 표준 가맹점 (혹은 선호되는 가맹점) 그리고 잠정적 가맹점이 빠르게 인식할 수 있는 좋은 평판
- 등록된 상표와 지속되는 이미지 그리고 모든 매장의 외형
- 시스템화된 사업과 항상 쉽게 따라 할 수 있는 사업
- 다양한 지리적 구역에서 잘 판매되는 상품
- 설립하는 성공적인 가맹점 프로그램은 15만 달러 위로 비용이 들지 않도록 하는 적당한 펀드
- 가맹점의 권리, 책임, 위험이 잘 나와 있는 문서화된 계획서
- 사업 경영의 모든 국면이 상세한 작동 매뉴얼
- 사업을 시작하기 전과 운영하는 중 모두의 가맹점을 위한 훈련과 지원 시스템
- 위치선정 표준과 건축 표준

가맹점 프로그램을 발달시키기 위해서는 사업을 시작하기 전에 자문을 구할 수 있는 변호사와 회계사 모두의 도움이 필요하다. 변호사의 도움 중 하나는 가맹점 협정이다. 이 문서는 주로 40~60페이지로 다양한 합법적인 문제들을 다룬다.

가맹점 협정은 아래의 것을 포함하여야 한다.

• 가맹점 영업권 제공자의 규칙과 가맹점 운영자는 가맹기간 동안 도와야 한다.
• 협정의 기간에 가맹기간 동안 사업을 임대한다.
• 가맹점이 언제 갱신하고 얼마를 지불해야 하는지를 포함한 연장 조항
• 거절하거나 추가 가맹점을 위한 첫 번째 권리는 가맹점 영업권 제공자에 의해 주어진다.
• 가맹점을 구입하기 위해 관련된 비용(이러한 비용은 선불, 규칙적인 회의 비용, 마케팅 비용과 프로모션 비용을 다루기 위한 총수입의 퍼센트)
• 가맹점의 위치 전제와 관련된 규칙(가맹점 영업권 제공자는 혁신 비용을 지불해야 하고 가맹점에게 종종 재산권을 임대한다.)
• 상품의 주식과 자본은 사업과 발명의 적절한 단계 유지를 위해 요구된다.
• 지적재산권과 그 재산권을 소유한 사람
• 가맹점을 팔기 위해 계약이 가맹점들에게 권리를 제공하고 있는지
• 가맹점 협정이 어떻게 끝나고 분쟁의 경우에는 어떻게 하는지

허가

가맹점과 마찬가지로 허가는 공장, 장비 그리고 고용인의 큰 투자 없이 기업을 성장시킬 수 있는 방법이다. 인허 계약은 기업의 지적재산권을 이용하고 제조, 유통 또는 새로운 상품을 만드는 데 중요하다. 예를 들어, 기업은 기계가 녹이 스는 것을 위해 새로운 특허 과정을 발달시키기를 원할 것이다. 그러한 과정은 다른 기업들이 장비에 이용하기 위해 사용될 것이고 그 회사는 로열티를 지불해야 한다. 반대로, 기업가는 새로운 생산라인의 상품을 위한 프로모션 아이디어를 가질 것이고 유명한 이름으로 허가받길 원하고 그 이름을 이용하여 고객들을 더 끌어모으길 원할 것이다. 이것은 상

표와 상표명 그리고 상업적으로 이용할 가능성으로부터 인허 계약 찾기를 수반할 것이다.

그러나 인허 계약은 이것 이상으로 다양한 방법에서 어떻게 수입을 제공할 것인지 그리고 지적재산권의 가치를 이해하고 있는지를 요구한다. 이러한 논의의 목적으로 특허, 판권, 상표 그리고 어떤 기업 비밀이든지 인허받을 가능성이 있다.

많은 기업가들은 그들 사업의 수행을 자주 깨닫지 못한다. 그들은 고객에게 가치 있는 정보를 모으고 시장, 방법 과정에 대해 모으지만 그러한 자료들을 판매를 위한 지적재산권으로 만들지 않는다. 그러면 기업은 다량의 가치 있는 정보(고객들이 아마 이해하고 있을 지적재산권)를 깨닫게 될 것이다. 각각의 고객을 위한 비밀번호가 보호되는 웹사이트를 이용하여, 정보를 게시할 수 있다. 그러면 기업은 감지된 원격 측정을 고객들의 문제를 고치기 위한 방법으로 판매하고, 이러한 방법은 기업이 고객들을 좀 더 효율적으로 돕게 할 것이다.

만일 기업이 사용하는 데 돈을 지불해야 하는 지적재산권을 가지고 있다면, 두쪽 모두 거래에서 이기기 위해 확실히 하는 특정한 단계가 있어야 한다. 라이선스가 있는 사람과 라이선스를 이용하는 사람은 협정이 성공하기 위해 서로에게 의지한다. 그래서 고객들은 거래가 끝난 후 가치를 더욱 찾을 수 있다.

다음은 성공적인 거래를 위해 라이선스가 있는 사람이 거쳐야 할 단계이다.

단계 1 무엇을 허가받을지 정확하게 결정하라. 인허 계약은 상품, 상품의 디자인, 프로세스, 시장과 유통의 권리, 제조 권리, 또는 다른 상품에 허가받은 상품을 사용하기 위한 권리를 위한 것들이 될 수 있다. 또한 허가받은 상품을 수정할 것인지에 대한 권리도 매우 중요하다.

단계 2 라이선스 구매자들에게 라이선스의 이익에 대해 정의하고 이해시키는 것은 거래로부터 받게 될 것이다. 왜 라이선스 소지자가 기업으로부터 허가받아야 할까? 무엇이 허가권으로부터 상품, 프로세스, 또는 권리를 독특하고 가치 있게 할까? 라이선스는 허가권 소유자가 라이선스를 제공함으로 다른 사람들에게 더 많은 이익을 얻을 수 있도록 확신 받아야 한다.

단계 3 잠재적인 고객을 다지기 위한 시장 연구를 통해 수행하는 것은 노력으로부터 이윤을 얻는 데 충분하다. 물론, 허가는 시장 연구에 의하게 될 것이고 특히, 인허 계약을 제안으로 기업에 접근한다면 그것은 예를 들어 Batman, Harry Potter와 같이 시장에서 특징 있게 인정받을 것이다. 시장에서 증명받지 못한 새로운 지적재산권을 가진 기업은 상품을 상업화하기 위해서 인허 계약을 찾길 원할 것이다.

단계 4 잠재적인 라이선스에 대한 근면으로 수행하라. 어떠한 잠재적 라이선스가 수행하기 위한 자원과 인허 계약의 조건을 갖는 것은 매우 중요하다. 이것은 적절하게 지적재산권을 상품화한다. 그리고 시장에서 명성을 얻게 된다. 인허 계약은 본질적으로 파트너십이다. 그리고 고른 파트너들은 매우 중요하다.

단계 5 인허 계약의 가치를 결정하라. 인허 계약의 가치는 몇몇 요소들에 의해 결정된다. (1) 지적재산권의 경제적 주기 즉, 시장 제품, 프로세스, 권리에서 얼마나 오랫동안 가치 있게 남아 있을 것인가? (2) 지적재산권으로 디자인할 수 있는 사람의 가능성과 직접적인 경쟁 (3) 정부 규제의 잠재성과 IP의 시장 능력의 손상 가능성. (4) IP를 양도할 수 있는 시장 조건의 어떠한 변화이다. 라이선스의 경제적 가치가 이러한 4가지 요인에 의해 계산된다면 라이선스는 협상 가능해질 것이다. 일반적으로, 라이선스를 가진 사람은 좋은 믿음의 증표로 돈을 원한다. 그리고 나서 인허 계약의 생활을 위한 로열티를 운영한다. 이러한 로열티의 양은 산업에 의하여 바뀌고 공장, 장비 그리고 라이선스를 상품화하기 위한 마케팅의 관점에서 얼마나 투자되어야만 하는지에 따라 바뀌게 된다.

단계 6 인허 계약을 창조하라. 라이선스에 전문적인 변호사의 도움으로 인허 계약을 그리고 라이선스를 가진 사람과 라이선스를 이용하는 사람 간의 협정 용어와 조건을 정의하는 계약을 만들어라.

제품발달(제품 혁신)

현재 시장을 이용하는 세 번째 방법은 존재하고 있는 고객을 위해 새로운 상품과 서비스를 개발하거나 이미 존재하는 상품의 새로운 버전을 제공하는 것이다. 이것은 소프트웨어기업으로부터 고용된 전략으로, 만일 고객들이 최근의 상품을 즐기기 원한다면 소프트웨어기업들은 새로운 버전으로 항상 고객들에게 업데이트 해준다. 요령 있는 기업들은 그들의 고객으로부터 새로운 상품의 아이디어를 얻는다. 이러한 새로운 아이디어는 보통 두 가지 형태로 나타난다. 이미 존재하는 상품의 증가적인 변화 또는 새로운 상품이다.

점진적인 상품의 이점은 그것들이 이미 존재하는 상품에 근거하기 때문에 보통 빠르게 디자인 되고 제조될 수 있다. 그리고 시장 비용은 적게 드는데, 왜냐하면 고객들이 이미 핵심 상품에 익숙하기 때문이다. 반면에 새로운 브랜드 혹은 돌파구적인 상품은 더 오랜 발달 주기를 갖는다. 그러므로 좀 더 비용이 많이 든다.

돌파구적인 제품은 브레인 스토밍, 창의성, 문제해결 방법 대신에 계획될 수 없다. 다시 말해서 기업가가 사업 환경을 만들면 벽을 뛰어넘는 창의력이 발휘되는데, 이러한 기회로 돌파구적인 제품을 만들 수 있다. 필연적으로 돌파구적인 환경은 억제하는 예산이나 시간이 없고 스케줄에 따라 운영되지 않는다. 점진적인 조합과 돌파구적인 제품을 제공하는 것은 아마도 가장 효과적인 접근이다. 점진적 제품의 빠르기와 비용의 효율성은 자금의 유입을 유지하고 좀 더 비용이 많이 들어가는 돌파구적 제품 자금을 돕는 것을 유지한다.

통합적인 성장전략·산업 안에서의 성장

기업가들에게 인수를 통해 그들의 사업을 성장시키는 통합적인 성장을 추구하는 많은 기회가 있다. 인수는 기업가가 다른 기업을 구입하고 좋은 생각을 협상하기 위한 재정적 능력의 많은 측면에 있다. 몇몇의 조사 연구는 모든 인수의 75퍼센트 이상이 주주 가치에 손해를 입힌다고 보고되었다. 성장을 위한 이러한 접근이 매우 신중하게 이루어질 것이라는 것은 매우 분명하다. 일반적으로 성공적인 인수는 핵심 사업에 잘 통합되어 있고 빠르게 시행되며, 매끄러운 작동 진행을 지속하는 기회를 목표로 한다. 전통적으로 기업가가 그들의 사업을 그들의 산업 안에서 성장시키길 원한다면 그들은 수직적이고 수평적인 통합 전략을 보게 되지만, 지금은 의지하는 작업을 운영하는 것이 중요하고 모듈러 또는 네트워크전략 보다 더 많이 보인다. 이러한 부분은 수직적이고 수평적인 모듈방식 세 가지 전략을 조사한다.

수직적 통합 전략

기업가적인 벤처는 유통 경로를 통해 뒤로 또는 앞으로 이동하며 성장한다. 이것을 수직적 통합이라고 부른다. 핵심 공급자를 얻는 것을 통해 기업가들은 제품을 간소화하고 비용을 줄일 수 있다. 전진하는 전략은 기업이 직접적으로 고객들에게 상품을 팔거나 제품의 유통을 얻는 것을 통해 제품의 유통을 통제하려고 시도하는 것이다.

이러한 전략은 그 제품이 얼마나 시장에 있는지를 좀 더 통제하는 것을 제공한다.

수평적 통합 전략

현재 산업 안에서 기업을 성장시킬 수 있는 또 다른 방법은 경쟁자나 경쟁 사업을 사는 것이다. (다른 라벨로 같은 상품을 판매한다.) 이것이 수평적 통합 전략이다. 예를 들어 스포츠 상품 아울렛 체인을 가진 기업가는 베팅 케이지와 같은 보충 제품을 가진 사업을 구매할 수 있다. 이것은 고객들이 소매업으로부터 그들의 배트와 공, 헬멧을 구매하고 베팅케이지에서 사용하기 때문이다. 수평적 통합의 또 다른 예로는 다른 라벨로 상품을 제조하기 위해 동의하는 것이다. 이러한 전략은 주요한 가전제품이나 식품 산업에서 빈번하게 이용된다. 예를 들어, Whirpool은 Sears Kenmore 워셔나 드라이기를 몇 년 동안 생산하였다. 이처럼, 많은 주된 음식 제조자들은 그들의 음식에 브랜드 이름을 만들고 주된 식품 시장의 이름과 라벨을 붙인다.

모듈 또는 네트워크전략

산업에서의 성공을 위한 또 다른 방법은 기업가들이 최선을 다하고 다른 사람들은 휴식을 취하도록 하는 것에 집중하는 것이다. 만일 사업의 핵심활동이 고객을 위해 새로운 제품을 디자인하는 것과 발달시키는 것을 포함한다면, 다른 기업들은 부분을 만들고 제품, 시장 그리고 배달자를 모을 것이다. 본질적으로, 기업가들의 회사와 핵심활동은 바퀴의 중심이 되고 바큇살로서 최고의 공급자와 유통이 된다. 이러한 모듈적인 전략 또는 네트워크전략은 사업이 더 빠르게 성장하는 것을 돕고, 비용을 줄이는 것을 유지하며 새로운 제품을 더 빠르게 판명한다. 게다가, 고정된 자산을 투자하지 않는 것을 통해 자본이 저장되고 경쟁적 이점의 활동을 제공한다. 오늘날, 많은 산업들은 모듈 접근의 이점을 보기 위해서 시도한다. 심지어 서비스 산업도 높은 노동비용을 요구하는 계산, 급료 명부, 자료진행 과정과 같이 기능을 아웃소싱하면서 이익을 낼 수 있다.

아웃소싱을 집중으로 하지 않는 기능은 기업이 시장에서 빠르게 제품을 얻고 많은 양을 얻도록 도와준다. 주된 능력을 찾는 것은 벤처가 좀 더 빠르게 성장하고 다른 아웃소싱을 사용하도록 도울 것이다. 기업가에 대한 비용은 아마도 집에서 하는 것과 같을 것이다.

다양화 성장전략 - 산업 밖에서의 성장

기업가가 투자를 통해 핵심 능력이나 산업 바깥에서 제품이나 사업을 얻으면서 확장할 때 그들은 다양화 성장전략을 이용할 것이다. 항상 그런 건 아니지만 일반적으로 이러한 전략은 현재 시장과 산업 안에서 기업가가 모든 성장전략에 지쳐서 지금은 초과 사용을 만들거나 남은 자원으로 만들고, 고객의 요구를 만족시키며 시장 또는 경제의 방해로 인한 방향의 변화를 위해 이용하였다. 단조로움을 깨트리는 한 가지 방법은 상호의존적인 방법으로, 기업가가 기술적으로 보완해 주는 새로운 제품 또는 사업을 찾으려고 시도하는 것이다. 예를 들어 식품 가공업자는 음식을 진열하는 것을 보여주는 레스토랑 체인을 얻을 수 있다. 단조로움을 깨트리는 다른 방법은 회사의 핵심 제품이나 서비스와는 관련 없는 제품이나 서비스를 얻는 것이다. 예를 들어 자전거 헬멧 제조업자는 회사 로고를 옷 제조업자에게 얻어 헬멧 소비자들에게 팔 수 있다. 마지막 단조로움을 깨트리기 위한 전술은 다양하고 복합적인 것으로서 현재 회사가 하고 있는 사업가는 어떠한 것으로도 관련 없는 습득 사업을 수반한다. 예를 들어 사업상 건물을 사고 초과 공간을 다른 사업체에 임대하는 것은 추가 수입을 생산하면서 평가 절하되는 자산을 얻는 것이다. 광대한 여행을 하기 위해 일하는 많은 사업가들은 비용을 줄일 수 있는 유리한 여행 에이전시를 찾는다.

성장을 위한 다양화 전략은 모든 요소와 잠재적인 산출의 신중한 고려 없이 떠맡아지는 것이 아니다. 그리고 이것은 인수의 특별한 진실이다. 기업가들은 합병에 전문적이고 경제적 작용으로 매끄러운 방법을 도울 수 있는 고문은 찾을 수 있다. 그러나 두 기업의 문화가 얼마나 합병되는지에 따라 자신의 정도를 예측하는 것은 어려운 일이다. 인수와 합병은 재정이나 작용의 시너지가 하나라면 성공적으로 이루어지기 어렵다. 조직적인 스타일과 개인적인 성격은 인수나 합병이 일어날 때 매니저가 중요하다. 그 결과로, 두 기업의 인간적인 측면은 분석되어야만 하고 명백한 두 성격을 위해 계획을 발달시켜야 한다.

혁신의 유형

아이디어의 창의성에 따른 다양한 혁신의 수준이 있다. 다음 그림은 혁신의 3가지 주요 유형을 보여준다(창의성의 수준이 감소되는 순서대로: 획기적 혁신, 기술적 혁신, 일반적 혁신). 가장 적게 일어나는 혁신은 '획기적 혁신' 유형이다. 매우 창의적인 획기적 혁신은 종종 선진국의 미래 혁신 플랫폼에서 일어나며 가능하면 강력한 특허권, 영업 비밀, 저작권에 의해 보호된다. 획기적 혁신은 페니실린, 증기기관, 컴퓨터, 항공기, 자동차, 인터넷, 나노기술과 같은 아이디어를 예로 들 수 있다. 나노기술 분야에서 엔지니어링 문제의 해결책을 제시한 Chung-Chiun Liu는 Case Western Reserve 대학교에서 Micro/Nano 공정센터의 관리자이자 교수이다. Liu 박사는 센서기술의 세계적인 전문가로, 자동차, 생물의학, 상업적·산업적으로 적용 가능한 나노센서시스템을 발명하였다. 대다수의 발명품 출판에도 불구하고 Liu 박사는 전기화학과 센서기술에도 많은 특허를 보유하였다. 그의 발명품 중에 하나는 수신기에 가까운 결과를 전송할 수 있는 전기화학센서시스템을 위한 기술이다. 이 나노소자들 중 하나는 엔진 내부에서 엔진오일의 상태를 분석할 수 있으며, 또 다른 하나는 혈당치를 측정할 수 있다. 그리고 어떤 것은 가정의 검은 곰팡이, 숨겨진 폭탄, 불법 약물, 흰개미를 발견할 수 있다.

혁신의 다음 유형인 '기술적 혁신'은 획기적 혁신보다 더 자주 발생하며, 일반적으로 과학적 발견의 발전과 같은 수준은 아니다. 그럼에도 불구하고 기술적 혁신은 제품·시장 영역에서 발전을 제공하기 때문에 매우 의미 있는 혁신이라고 할 수 있으며 따라서 보호될 필요가 있다. 개인용 컴퓨터, 사진, 음성 및 텍스트 메시지 기능이 포함된 플립시계, 제트비행기 등이 기술적 혁신의 사례이다.

Hour Power Watch 기업은 시계를 확 뒤집으면서 빈 공간을 보이게 하는 특허 받은 공정에 기초를 두고 있었는데 이러한 기술은 사진, 알약, 노트 심지어는 나노 조제 그리고 이어폰과 같은 장치에도 쓰일 수 있다. 생명과학 기업인 Analiza는 약물 제조업체가 신약에 가장 적합한 화학물질을 신속하게 선별할 수 있는 시스템을 발명하고 판매하고 있다. 동시에 이 자동선별이 가능한 컴퓨터는 인체에 어떤 물질로 이루어진 신약이 가장 적합하게 반응하는지 확인하면서 많은 다른 약물들을 테스트한다. 이 회사는 암을 진단하는 첨단 혈액검사제품, 혈소판의 수명을 연장하는 제품, 젖소 임신테스트와 같은 다른 기술혁신을 탐구하고 있다.

마지막 혁신의 유형인 '일반적 혁신'은 가장 많이 발생하는 혁신이다. 일반적 혁신은 다른 시장에 진출하는 것 또는 제품이나 서비스에서 기존에 존재하는 혁신을 확장하는 것이다. 이 혁신은 보통 기술 주도가 아니라 시장분석과 수요견인에 의해 일어난다. 다시 말하면, 시장이(시장견인) 기술(기술주도)보다 혁신에 더 강한 영향을 미친다. Sara Blakely에 의해 발견된 한 일반적 혁신은 보기 흉한 속옷 라인을 제거하는 것이었다. 그녀는 발 부분이 없는 팬티스타킹을 만들기 위해 거들형 팬티 스타킹의 발을 잘랐다. Sara Blakely는 전 재산 5,000달러를 투자하여 Spanx와 Atlanta에서 사업을 시작했고, 5년 동안 매년 2천만 달러의 실적을 기록했다.

비슷한 예로, 클리블랜드 심포니의 세컨드 플룻 연주자인 Martha Aarons
는 5000년 된 육체적 · 정신적 운동의 힌두교 시스템을 실천하고 있다. 운
동자세 중 하나인 '엎드린 개' 자세는 손과 발이 미끄러지는 것을 방지하기
위해 바닥부분이 끈적한 매트가 필요하다. Martha Aarons는 여행하면서
그녀의 악기와 매트를 같이 소지하고 다니는 것을 원하지 않았기 때문에 미
끄러지지 않는 재료로 만든 장갑과 슬리퍼를 발명하였다.

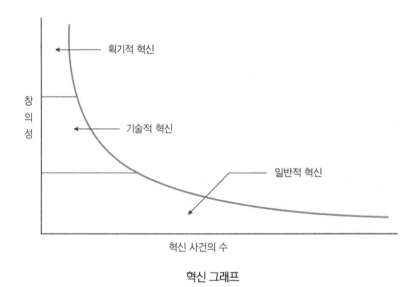

혁신 그래프

새로운 혁신의 유형(제품·서비스)

'새로운' 제품이 무엇인지 정의하는 것과 독특하고 새로운 아이디어가 실제
로 무엇인지 식별하는 것은 기업가들이 직면한 딜레마 중에 하나이다. 패션
청바지는 청바지의 개념이 새로운 것이 아님에도 불구하고 매우 인기를 끌
었다. 새로웠던 것은 청바지에 Sassoon, Vanderbilt, Chic와 같은 이름을

사용했다는 것이다.

비슷한 예로, 비록 몇 년 동안 카세트 플레이어의 개념이 존재했었지만 Sony는 1980년대의 가장 유명한 신상품 중 하나인 워크맨을 만들었다.

이 사례들에서 보면 새로움이라는 것은 소비자 개념이었다. 반드시 새로운 개념의 제품이 아니어도 제품 유형이 다르면 새로운 것으로 정의된다. 자연적으로 카페인을 제거한 커피를 도입했을 때(기존 커피 제품에서 한 가지만 변화한 경우) 커피회사들은 초기 홍보 캠페인에서 광고 카피에 '새로운'이라는 단어를 명확히 사용했다.

다른 기존 제품들이 단지 새로운 포장지나 용기에 판매되었지만 새로운 제품으로 확인되고 있는 경우도 있다. 탄산음료 제조업자들이 과거 상품과 단지 캔만 다르게 제작했음에도 불구하고 일부 소비자들은 새로운 상품으로 보았다. 에어로졸 캔의 발명은 기존의 휘핑크림, 데오드란트, 헤어스프레이 제품의 패키지나 용기만 바꾼 또 다른 예시이다. 뚜껑을 밀어 올려서 여는 캔, 플라스틱 병, 살균처리 포장, 펌프는 기존의 제품들을 새로운 이미지로 인식하는 것에 기여했다. 세제 제조업체와 같은 일부 기업들은 단순히 패키지의 색상을 변경하고 패키지와 홍보카피에 '새로운'이라는 단어를 추가했다.

팬티스타킹은 마케팅전략을 상당히 변화시킨 또 다른 상품이다. L'eggs(Hanes기업의 자회사)는 최초로 슈퍼마켓 판촉, 포장, 낮은 가격, 새로운 진열방식의 이점을 활용하였다.

산업시장에서 기업들은 단지 상품의 외관을 약간 변경하거나 수정하고는 '새로운 것'이라고 부른다. 예를 들면 금속가공기술의 향상은 기계 등 산업용 제품에 사용되는 많은 원료의 정밀도 및 강도를 변화시켰다. 이 향상된 특성들은 기업들이 시장에서 새로운 포장과 향상된 금속 기술을 포함한 상품을 출시하도록 주도하였다. 유사하게 Microsoft 사의 새로운 각각의 Word 버전들은 대부분 사소한 개선사항이다.

매출량을 증가시키는 과정에서 많은 기업들은 이미 다른 기업에서 판매되는 제품 라인에 자산들의 상품들을 추가한다. 예를 들면, 제품라인에 감기약을 추가하여 판매하는 제약회사와 세척기 세제 시장에 진출하게 된 오랫동안 비누패드를 판매하는 제조업자들 모두 그들의 제품들을 새로운 것으로 광고한다. 앞의 두 경우, 제조업자에게는 새로운 제품이지만, 소비자들에게는 새로운 것이 아니다. 세계 경제에서 다변화를 강조하는 것이 증가되면서 이러한 상황의 유형은 매우 일반적이다. 기업들은 지속적으로 이익을 증가시키고 그들의 자원을 가장 효율적으로 사용할 수 있는 새로운 시장들을 찾고 있다. 다른 기업은 단순히 기존 제품에 새로운 이미지를 제공하는 하나 또는 마케팅 믹스 요소를 변화시키고 있다.

소비자의 관점

소비자의 관점에서 신제품은 폭넓게 해석된다. 신제품을 정의하려는 시도 중에 하나는 제품을 사용하는 데 소비자들이 얼마나 많은 행동적인 변화가 있었는지 또는 얼마나 새로운 학습을 해야 하는지 그 새로움의 정도에 따라 신제품을 분류하는 것이었다. 이 방법은 제품이 회사에게 새로운 것인지, 다르게 포장되어있는지, 물리적인 형태를 변화했는지 또는 오래되거나 이미 존재하는 제품의 개선된 버전인지가 아닌 소비자에게 미치는 영향의 관점에서의 새로움을 보인다.

연속성은 상품의 사용이 기존의 소비 패턴들을 방해하는 영향에 따라 3가지로 분류한 것이다. 대부분의 신제품들은 연속선의 끝인 '연속적인 혁신'에서 떨어지는 경향이 있다. 예를 들면 매년 변화하는 자동차 스타일, 패션 스타일의 변화, 패키지 변경, 제품의 크기 또는 색상 변경이 있다. CD, Sony의 워크맨, iPod과 같은 제품들은 연속선에서 '동적 연속혁신'에 속한다. 실제로 '불연속적 혁신'이라고 불리는 신제품들은 이전에 충족되지 않은 기능이나 기존의 기능을 새로운 방식으로 작동하게 하기 때문에 혁신 횟수가 드물고 소비자들에게 새로운 학습을 요구한다는 특징이 있다.

인터넷은 급진적으로 우리 사회의 라이프스타일을 바꾼 불연속적 혁신의 사례 중에 하나이다. 다른 사례로는 디지털화와 디지털미디어가 있다. 소비자들의 소비패턴에 영향을 미치는 정도에 따른 신상품 분류는 '고객 니즈의 만족'이 기업의 존재에 기초한다는 마케팅 철학으로 설명할 수 있다.

기업의 관점

새로움에 대한 소비자들의 인식과 함께 혁신적인 기업가가 있는 기업들도 몇 가지 차원에서 신상품들을 분류한다. 다음 그림에 신제품의 목적을 정의하는 방법이 있다. 이 분류 시스템에서 중요한 차이는 신제품과 신시장(즉, 시장개발) 사이에 있다. 신상품들은 개선된 기술의 수의 관점에서 정의되며, 반면에 시장개발은 새로운 시장세분화의 정도에 기반한다.

기술혁신 →

시장혁신↓ 제품목표	기술적 변화 없음	개선된 기술	신기술
시장 변화 없음		– 개선 – 비용과 품질을 최적화하는 실제 제품이나 공식의 변화	– 대체 – 개선된 기술을 기반으로 기존 제품을 신제품으로 대체
강력한 시장	– 재판촉 – 기존 고객들에게서의 판매 증가	– 개선된 제품 – 고객들에게 제품의 효용 향상 제공	– 제품 수명 연장 – 제품 라인에 비슷한 신제품 추가; 신기술을 기반으로 더 많은 고객 창출
신시장	– 새로운 사용 – 현 제품을 사용할 수 있는 신 세분화 시장 개척	– 시장 확대 – 현 제품을 수정하는 신 세분화 시장 개척	– 다각화 – 신기술로부터 개발된 신제품과 신시장 개척

신제품 분류 시스템

신기술과 신시장에서의 이 상황은 가장 복잡하고 어려우며 위험의 최고 수준을 가지고 있다. 신제품은 신기술과 현재는 제공되지 않는 고객을 포함하기 때문에 기업은 신중하게 계획된 새로운 마케팅전략이 필요하다. 대체, 확장, 제품 개선, 재형성, 재판촉은 기업이 이전에 유사 제품이나 유사 시장에서의 경험이 있는지 그 어려움의 범위 내에서의 제품과 시장개발 전략들을 포함한다.

출구전략

창업가들은 새로운 사업을 시작하는 것을 좋아한다. 사업이 초기단계를 거쳐서 안정적이 된다면, 아마 창업가들에게는 금방 재미없는 일이 될 것이다. 수십억의 매출이나 50명의 직원이 넘는 시점에 이미 사업은 예술을 창조하는 과정에서 공장라인 같은 느낌으로 변하게 될 것이다. 그때부터 3년이나 5년 이내에 창업가들은 또 다시 뭔가 새로운 사업을 시작하고 싶어질 것이다. 회사가 커질수록 회사를 팔 수 있는 방법은 줄어든다. 회사 규모가 커져서 가치가 오르면서 기업이 비싸진 것도 있지만, 경쟁을 통하여 혁신을 통한 창업성공을 개척해 낸 것이기에 경쟁자가 없기도 하다.

회사의 출구전략을 사용한다면, 내부사정과 자금사정을 주시하고 실제 성장과 기대치를 비교분석하여 중요한 출구를 놓치지 않을 것이다. 또 한 투자자를 지속적으로 유치하고자 한다면 출구전략(수익을 낼 수 있는)을 투자자들에게 제공하는 것이 중요하다. 사업에 있어 출구전략은 장기적 계획과 같다.

벤처캐피탈

이들은 3년에서 7년 사이에 고수익을 낼 수 있는 출구전략을 원할 것이다. 이들은 주로 상장가능성 있는 기업이나, 비싸게 팔릴 기업들하고만 일한다.

엔젤투자자

이들은 고수익을 바라보고 투자하지만 출구전략에 있어서는 좀 더 유연하다. 엔젤들은 벤처투자자나 기관투자자들보다는 덜 전문적이며, 당신과 개인적인 관계를 쌓고 회사에 대한 깊은 관심을 보인다.

인수합병(Merger &acquisition)

일반적으로 M&A는 상황이 비슷한 회사와 회사가 합병하거나 하나의 회사가 더 큰 회사에 인수당하는 것을 의미한다. 두 회사가 서로 융합 가능한 기술을 보유하고 있거나 자원을 절약할 수 있을 때 합병의 윈윈 (win-win) 상황이 된다. 인수의 경우, 큰 회사가 새로운 제품을 생산하고 키우는 것보다 더 효율적이고 빠르게 매출을 올리기 위한 방법이다.

IPO(Initial Public Offering)

과거에는 일반적으로 IPO를 출구전략으로 택했고, 빠르게 백만장자가 되는 길로 생각했다. 2000년 닷컴 버블 이후, IPO 비율은 꾸준히 감소하여 2010년 15% 정도밖에 되지 않았다.
우호적인 개인에게 매각이 과정은 현금자산을 확보하여 투자자들에게 이익을 선사하고, 스스로를 휴가 내주는 방법으로 유용하다. 이상적인 거래 상대는 사업의 관리 차원 쪽에 경험과 기술이 있어서 사업을 키울 수 있는 사람이다.

관리대행

안정적인 시장에서 어느 정도의 수익을 유지한다면 믿을 만한 사람을 찾아 운영을 맡기고 남은 현금을 가지고 다음 아이디어를 구상한다. 소유권을 유지하면서 연금처럼 나오는 돈만 받으면 된다. 그러나 일하는 이들이 안정적인 수익을 계속 유지할 수 있게 만들어야 한다.

현금화하고 문을 닫는다

평생 사업을 해온 사람도 가끔 모든 것을 그만두고 싶을 때가 있다. 이 방법은 일반적으로 사용되는 방법은 아니지만, 문을 닫고 모든 것을 다 팔아버리는 것은 분명한 출구전략이다. 예상했던 바와 시장이 전혀 다르게 반응할 수 도 있기 때문에 이러한 때를 대비해 미리 준비하는 것이 상책이다.

프랜차이즈화

사업 아디디어와 요령을 프랜차이즈화 하여 주변에 팔면 성장 동력과 동시에 현금을 확보할 수 있다. 하지만 법적으로 복잡한 문제를 동반하며, 회사 컨셉이 프랜차이즈에 적합한 일부 기업에만 해당된다.

동반자 바이아웃

같이 일하고 있던 파트너 중에 하나가 사업을 떠나고 싶다면 그가 가지고 있던 지분을 사들인다. 두 명이 반반씩 투자한 기업이라면 회사 전체 자산의 반을 현금으로 제공해야한다. 미리 관련 조항을 설정해 놓는 것 또한 중요하다.

직원들에게 매각

외부 제3자에게 파는 것이 어렵거나 적합하지 않다면 사원들에게 파는 것도 있다. 사원스톡옵션은 세전 임금의 25%를 스톡옵션 신탁에 투자하게 되는 방법이다. 세전 자본으로 회사 주식 등에 투자할 수 있다.

출구전략이 가장 중요한 이유는 좋은 상황을 가장 이상적으로 이용하는 것이지, 나쁜 상황에서 빠져 나오려는 것이 아니다. 출구전략을 세웠다는 것은 사업에 대한 현실적이고 주관적인 판단을 장고했다는 것을 보여주는 것이다. 따라서, 결론적으로 가장 적합한 출구전략은 개인적인 목표, 투자자의 목표, 그리고 기업의 목표를 모두 고려한 출구전략이다.

창업자의 윤리

신뢰 창출 및 유지

신뢰는 경영과 영향력의 강력한 도구이다. 사람들은 올바른 방향으로 이끌어주고 약속을 지키는 지도자를 신뢰하기 때문에, 명령에 따르는 욕구에 의해서가 아닌 권한에 반응한다. 21세기 기업가는 신뢰의 규칙을 준수해야 하고 모범을 보여야 성공할 수 있다. 신뢰를 양성하는 것은 윤리적·도덕적 필요성일 뿐만 아니라, 신뢰를 더 생산적이게 만드는 작업환경 구축과 같은 실제 비즈니스적 필요성이다. 왜냐하면, 직원들과의 신뢰와 친밀관계를 확립한 사람들은 직원들이 작업을 더 효율적이고 열심히 하도록 동기부여를 잘하기 때문이다. 많은 연구들에서 직원들은 그들이 믿음을 가지고 있는 기업가들, 관리자들, 회사들을 위해 더 열심히 노력하려고 한다는 것을 보여주었다. 다음은 기업의 신뢰 양성에 필수적인 것들이다.

1. 정직해라. 상투적인 표현이지만, 정직함은 기업의 사명과 비전에 직원들의 행동을 맞출 수 있는 최선의 정책이다. 만약 기업가가 정직하지 못하다면, 기업가는 조직 분위기의 주도권을 잡을 것이고, 직원들의 부정직과 불충실이 기업 전반에 걸쳐 발생할 것이다.
2. 말 한 것을 일관되게 행하라. 회사의 규칙들을 존중하고 지켜라. 만약 기업가가 자신의 규칙을 어기면, 기업가는 스스로의 권위를 약화시키고, 직원들의 신뢰를 잃게 된다.
3. 어떤 상황에서도 절차를 무시하지 마라. 모든 기업가들은 어느 시점에서 쉬운 길을 가기 위한 엄청난 압력에 직면하게 될 것이다. 하지만, 수많은 압력 아래에서 비윤리적으로 행동하는 것은 신뢰를 훼손하고 향후에도 반복해서 절차를 위반하게 된다.

신뢰는 강력한 도구이지만 또한 매우 약해서 쉽게 파괴될 수 있으며, 불가능하지는 않지만 신뢰를 재구축하는 것은 어렵다. 신뢰는 또한 잘못된 방식으로 사용될 수 있다. 예를 들어, 사람이나 상황을 조작하여 활용하면서 조직에 치명적인 결과를 초래할 수 있다. Yale 대학의 심리학자 Stanley Milgram의 1961년 밀그램의 실험은 신뢰가 악용될 수 있는 방법을 설명한다. 이 실험에서 Milgram은 '신뢰할 수 있는 과학자'가 지시했을 때, 참가자들이 동료 참가자들에게 전기충격을 가하는 정도를 관찰했다. 결과는 충격적이었다. 참가자의 62.5%가 '신뢰할 수 있는' 과학자의 지시 사항을 따라 시뮬레이션 환경에서 다른 참가자들에게 450볼트의 치명적인 전기충격을 가했다. 이 연구는 그 만큼 사람들이 권한의 원천이나 지도자를 따른다는 것을 분명하게 보여준다. 경영의 관점에서, 이것은 매우 중요한 의미가 있다. 기업가, 관리자, 기업들은 그들이 이끄는 기업과 직원들을 올바른 방향으로 이끌어야 한다. 잠재적인 권력 남용을 피하기 위한 최선의 충고는 처음부터 회사 전반에 걸쳐 신뢰의 환경을 구축하고 육성하여 유지하는 것이다.

기업과 경영 팀들이 정직하고 말과 행동에 일관성이 있는지, 상황에 관계없이 절차를 무시하는지 확인해야 한다. 초기에 기업 문화에 이러한 가치를 통합함으로써, 기업가는 앞으로도 오랫동안 신뢰할 수 있는 고용주와 비즈니스 파트너가 될 수 있다.

전자상거래 및 창업

마케팅전략 개발뿐만 아니라 잠재적인 새로운 아이디어의 평가 프로세스를 통해서도, 전자상거래의 역할은 지속적으로 평가할 필요가 있다. 전자상거래는 기업에게 매우 창의적이고 혁신을 할 수 있는 기회를 제공한다. 그 중요성의 증가는 기업-기업(B to B), 기업-소비자(B to C) 모두의 전자상거래 매출이 지속적 증가하는 것에서 볼 수 있다. 전자상거래(인터넷지출)는 매년 증가하고 있다.

comScore에 따르면, 지속적인 경제불황에도 불구하고 2011년에 소매 전자상거래가 활발히 일어났다. 2011년에 총 미국 전자상거래 지출은 2010년보다 12% 증가한 2,560억 달러에 도달했다. 이 2560억 달러 중에서 여행 전자상거래 지출은 945억 달러로 11% 증가하였고, 반면에 소매(비 여행) 전자상거래 지출은 그 해 1,615억 달러로 13% 증가했다.

2011년에 가장 빠르게 성장한 소매 전자상거래 부문은 주로 음악, 영화, TV쇼, 전자 책 등 디지털콘텐츠 다운로드, 가입으로 성장률은 26%이다. 전자제품에 대한 소비는 2011년 18% 성장률로 2번째로 빠르게 성장한 분야이며 주로 저가 평판 TV, 태블릿, 전자책이 여기에 포함된다. 17%의 성장률을 보인 보석과 시계 분야는 경제가 경기 침체에서 회복했기 때문에 2011년에 빠르게 성장했다.

B to B 또는 B to C를 기준으로 상거래에서 높은 성장을 촉진시키는 요인들은 개인용 컴퓨터의 광범위한 사용, 기업들의 인트라넷 채택, 비즈니스 커뮤니케이션 플랫폼으로서의 인터넷의 수용, 더 빠르고 더 안전한 시스템이다. 수많은 혜택들, 더 폭 넓은 고객 기반에 대한 접근, 더 낮은 정보 보급 비용, 더 낮은 거래 비용, 인터넷의 상호작용 특성은 전자상거래를 더 지속적으로 확장시킨다.

창조적인 전자상거래의 사용

전자상거래는 몇몇 새로운 벤처기업뿐만 아니라 기존 기업들이 마케팅과 판매 채널을 확장하는 곳에도 점점 사용된다. 인터넷은 최소화된 마케팅 비용으로 더 넓은 시장에 도달하게 해주므로 중소 규모의 기업들에게 특히 중요하다. 인터넷 상거래를 시작하는 기업들은 다른 기업과 같은 전략과 전술적인 문제들을 다루는 것을 필요로 한다. 또한, 온라인 비즈니스를 하면서 발생하는 몇 가지 구체적인 문제들은 인터넷상거래에 사용되는 새롭고 끊임없이 진화하는 기술로 해결될 필요가 있다. 기업가들은 회사 내에서 인터넷 작업을 운영할지, 인터넷 전문가들에게 이런 작업들을 아웃소싱할 것인지 결정해야 한다. 인터넷 작업을 내부적으로 하는 경우에, 웹 사이트 정보와 같은 지원 서비스뿐만 아니라 컴퓨터 서버, 라우터, 다른 하드웨어 및 소프트웨어도 유지·보수해야 한다. 또한 인터넷 비즈니스를 아웃소싱 하는 여러 가능성들이 있다. 기업가는 회사의 웹 페이지를 디자인하는 웹 개발자를 고용하고 인터넷 서비스 제공자들에 의해 유지되는 서버에 업로드를 할 수 있다. 이런 경우에 기업가들의 주요 임무는 주기적으로 웹페이지에 정보들을 업로드하는 것이다. 또 다른 방법은 다른 소프트웨어 회사에서 제공하는 전자상거래를 위한 패키지를 사용하는 것이다. 내부적으로 운영하는 것이나 아웃소싱 중에서 정확한 결정은 인터넷 작업들이 회사의 주요 사업인지와 같은 인터넷 관련 비즈니스의 크기와 각 대안의 상대적인 비용에 따라 다르다.

인터넷상거래의 두 가지 주요 구성 요소는 '프론트-엔드'와 '백-엔드' 작업이다.

프론트-엔드 작업은 웹사이트의 기능에 포함된다. 검색 기능, 쇼핑 카트, 안전한 결제 등이 몇 가지 예시이다. 인터넷에서 많은 기업들이 하는 가장 큰 실수는 매력적이고 상호적인 웹사이트가 확실한 성공이라고 믿는 것이다. 이것은 백-엔드 작업의 중요성을 과소평가하는 것이다. 고객 주문의 원활한 통합은 유통 채널, 제조능력과 함께 특정 고객들이 욕구를 다룰 수 있을 만큼 충분히 유연하게 개발되어야 한다. 프론트-엔드와 백-엔드 작업들의 통합은 인터넷 비즈니스를 위한 매우 큰 도전을 나타내며 동시에 지속적인 경쟁력을 개발하기 위한 기회를 제공한다.

웹사이트

기업가적인 회사들에 의해 웹사이트의 사용은 상당한 속도로 증가하고 있다. 중소기업의 약 90%는 현재 운영하는 웹사이트가 있다. 그러나 중소기업과 기업가들의 대부분은 그들이 질 좋은 웹사이트를 구축하고 운영할 수 있는 기술적인 능력이 없다고 생각한다.

좋은 웹사이트에서 중요한 것 중에 하나는 사용의 용이성이다. 114 웹사이트 Forrester의 2008년 순위에서 Barnes&Noble은 유용성, 사용의 용이성, 즐거움의 측면에서 USAA, Borders, Amazon, Costco, Hampton Inn/Suites 다음으로 1순위로 선정되었다.

웹사이트를 개발하는 것에 있어서 기업가들은 웹사이트가 커뮤니케이션의 수단이라는 것을 기억해야 하며, 다음과 같은 질문에 답을 해야 한다. 고객이 누구인가? 사이트의 목적이 무엇인가? 소비자가 사이트를 방문해서 무엇을 하길 원하는가? 웹사이트가 기업 전체 커뮤니케이션 프로그램의 중요한 부분인가? 이 질문에 대해 답하기 위해서, 기업가는 웹사이트를 구성하고 목표 시장을 효율적으로 사로잡을 수 있는 정보를 구성할 필요가 있다. 이것은 새로운 자료들을 주기적으로 추가함으로써 신선한 자료를 제공하는 것을 의미한다. 자료는 개개인들을 사로잡을 수 있도록 상호작용 해야 한다. 그리고 물론 웹사이트는 가능한 가시적이여야 하고 잘 알려져야 한다. 모든 웹사이트의 가장 중요한 특징 중 하나는 검색 기능이다. 검색 기능은 기업이 인터넷에서 제공하는 제품과 서비스들에 대한 정보를 쉽게 찾을 수 있어야 한다. 이 기능은 고급 검색 도구, 사이트 맵, 주제 검색을 통해 달성될 수 있다. 모든 전자상거래 웹사이트에서 이용할 수 있어야 하는 다른 기능은 장바구니, 보안서버 연결, 신용카드 결제, 고객의 피드백 기능이다. 장바구니는 제품 주문을 받아 자동으로 계산하고 제품 재고 정보를 기반으로 고객들의 주문을 합계하는 소프트웨어이다. 주문 및 기타 민감한 고객 정보는 보안 서버를 통해 전송해야 한다. 웹사이트의 또 다른 중요한 기능은 고객이 기업에 피드백을 보낼 수 있도록 하는 전자메일 응답 시스템이다.

성공적인 웹사이트에는 3가지 특성이 있다. 속도, 속도 그리고 또 속도이다. 또한 웹사이트는 사용하기 쉬워야 하고, 특정 시장 목표 그룹을 위해 맞춤화되어야 하며, 다른 브라우저들과 호환되어야 한다. 사용의 용이성은 속도와 함께 간다. 만약 방문자들이 쉽게 탐색할 수 있는 웹 페이지를 발견

한다면, 그들은 빨리 제품, 서비스, 정보들을 찾을 수 있을 것이다. 인터넷의 가장 큰 이점들 중 하나는 다른 시장세분화들을 위한 웹사이트 컨텐츠의 맞춤화 단순성이다. 예를 들어, 만약 한 기업이 미국 국경을 넘어서 제품들을 판매할 계획이 없는 경우에는 오직 미국 내에서만 제품을 출하한다는 사실을 자사의 웹사이트에 분명하게 표시해야 한다. 반면에, 기업이 국제 시장도 타겟으로 하는 경우, 번역과 문화적인 접근에 대한 문제도 고려해야 한다. 기술적인 측면에 관해서는 디자이너는 웹사이트가 다른 브라우저들, 인터넷 방문자들이 사용하는 플랫폼들에서도 적절하게 작동되는지를 확인해야 한다. 일단 웹사이트가 잘 작동하면, 명함, 레터 헤드, 회사 광고와 같은 모든 마케팅 자료들을 웹사이트에 표시하는 것이 중요하다.

웹사이트 개발과 작동의 좋은 예시는 LinkedIn(http://www.linkedin.com/)이다.

캘리포니아에 위치한 Santa Monica 기업은 주로 전문 네트워킹에 사용되는 비즈니스 관련 소셜네트워킹 사이트이다. 웹사이트의 목표는 구성원들의 성장을 촉진시키는 것, 전문적인 통찰력들의 필수적인 원천이 되는 것, 자신의 구성원들을 위해 가치를 창출하여 수익을 증가시키는 것, 국제적으로 확장시키는 것이다. 이러한 목표를 달성하기 위해, 웹사이트는 매우 사용하기 쉬운 검색 및 필터링 기능을 제공하여 구성원들이 모든 산업에 관한 수많은 전문적인 저장소에 효율적으로 연결할 수 있도록 해야 한다. 웹사이트의 성장을 달성하기 위해서는 검색 엔진을 최적화하고 많은 응용 프로그램들과 통합되어야 한다. 웹사이트는 구성원들과 고객 모두에게 혜택을 가져다주는 특정한 기회를 위해 후보자들을 효율적이고 효과적으로 식별하는 분석 기능과 타겟팅 기능에 집중적으로 투자하고 있다. 이 플랫폼은 또한 다양한 국제 지역에 걸쳐 자신의 브랜드를 더 개발하기 위해 더 많은 언어로 제공되고 있다.

기업에서 사용할 수 있는 몇 가지 무료 웹사이트 호스팅 솔루션들이 있다.

고객 정보 추적

전자 데이터베이스는 개별화된 일대일 마케팅전략을 지원한다. 데이터베이스는 산업, 세분화 시장 및 회사의 활동을 추적할 뿐만 아니라 개인 고객들을 대상으로 개인 마케팅을 지원한다. 고객 정보를 추적의 동기로 맞춤형 일대일 마케팅으로 고객들의 관심을 끄는 것이다. 주의해야 할 점은 개인의 프라이버시를 보호하는 법률을 준수해야 한다는 것이다.

사업가적인 기업으로서의 전자상거래

비즈니스를 위해 전자상거래 사이트와 웹사이트를 개발하는 결정은 오늘날 필수적이다. 몇 가지 제품·서비스의 특성들은 이러한 작업을 하게 만들고 거래를 용이하게 한다. 우선, 제품들은 편리하고 경제적으로 제공될 수 있어야 한다. 둘째, 제품은 지리적 위치 밖에 유통될 수 있어야 하며, 많은 수의 사람들에게 흥미를 끌 수 있어야 한다. 셋째, 온라인 작업들은 비용 측면에서 효율적이어야 하며, 사용하기 쉽고 안전해야 한다. 한 학생은 페루의 가난한 마을에서 자신의 제품들을 유통하여 여성들을 도와 그녀의 열정을 충족시키길 원했다. 그녀의 기업은 새로 만든 웹사이트에서 제품을 판매하기 시작했다.

기존의 마케팅 채널과 온라인 마케팅 채널 사이에서의 충돌(채널 충돌)이 제조업체와 소매 유통업체 사이의 불일치 때문에 발생했다. 그리고 그 충돌은 결국 한때 파트너였던 기업들의 경쟁적 위치를 적대적으로 이끌었다. 공급 사슬에서의 파트너들은 그들의 핵심 역량에 집중하고 비 핵심 활동들에 대해서는 아웃소싱을 해야 한다. 경쟁적인 유통 채널을 도입하는 경우에, 기업들은 기존 비즈니스의 손실을 고려하면서 그 결정에 대한 비용과 이익의 측면에 무게를 두어야 한다.

참고문헌

1. 강인애, 김홍순 (2017). 메이커교육을 통한 메이커정신의 가치 탐색. 한국콘텐츠학회 논문지 Vol. 17 No. 10

2. 권유진, 박영수, 장근주, 이영태, 임윤진, 이은경, 박성석 (2019). 학교 교육에서의 메이커 교육 활용 방안 탐색. 한국교육과정평가원.

3. 김진옥 (2018). 메이커 기반 STEAM 교육을 위한 수업 모형 개발. 한국교원대학교박사학위논문

4. 김윤정, 김형진, 임세진, 김보경 (2016), 메이커 운동 활성화 방안 연구, 한국과학창의재단

5. 윤혜진 (2018). 디자인사고 기반 메이커교육 모형 개발. 경희대학교 박사학위논문

6. 이동국, 김황, 김주현, 함형인 (2019). 학교 메이커 스페이스 구축 및 운영사례 I. 한국교육학술정보원

7. 한정희(2014), 벤처창업을 위한 사업계획서 작성법, 도서출판 월송.

8. 한정희 · 이윤준(2014), 기술 사업화와 지식재산 비즈니스, 한경사.

9. 이윤준, 한정희 (2020) 4차산업혁명시대, 기업가정신과 창업, 한경사

10. 한정희 (2021), 융합산업의 탄생과 사업화, 스마트시티, 한경사

11. 한정희 (2021), 한 권으로 끝내는 창업학(창업 연습을 위한 지침서)

12. 한정희 (2021), 메이커스페이스 제안서

13. 한정희 (2022), 메이커스페이스 운영요령과 홈페이지

14. 한정희 (2022), 홍익메이커랜드 장비운영 매뉴얼

15. 최정빈 (2018), 플립드러닝; 교수설계와 수업전략: 배움을 바로잡다, BM 성한당.

16. 특허정보진흥회 (2015), 특허정보자료

17. https://www.kiip.re.kr/webzine/2003/kiip_2003_report01.jsp(지식재산연구원)

18. 김근재, 권혜성 김유나, 성진규,(2020), 메이커교육 대백과, 테크빌교육

19. http://www.kipris.or.kr/khome/main.jsp (특허정보넷)

20. https://www.kofac.re.kr/

21. http://www.kcdma.kr/theme/s007/index/makers.php

22. https://www.makeall.com/

23. https://www.makeall.com/

24. https://allmaker.kr/

25. https://www.gmct.co.kr/

26. http://himakerland.com/

메이커를 위한 창작과 장비활용
메이커와 창의 MAKERS AND CREATIVITY

초판발행 2024년 04월 10일
개정발행 2024년 04월 17일
지은이 한정희
펴낸이 노소영
펴낸곳 도서출판 마지원
등록번호 제559-2016-000004
전화 031)855-7995
팩스 02)2602-7995
주소 서울 강서구 마곡중앙로 171
http://blog.naver.com/wolsongbook

ISBN | 979-11-92534-11-4 (13500)

정가 18,000원